KB146396

BROMELIADS

HANDBOOK

에어플랜트와 친구들

브로멜리아드 핸드북

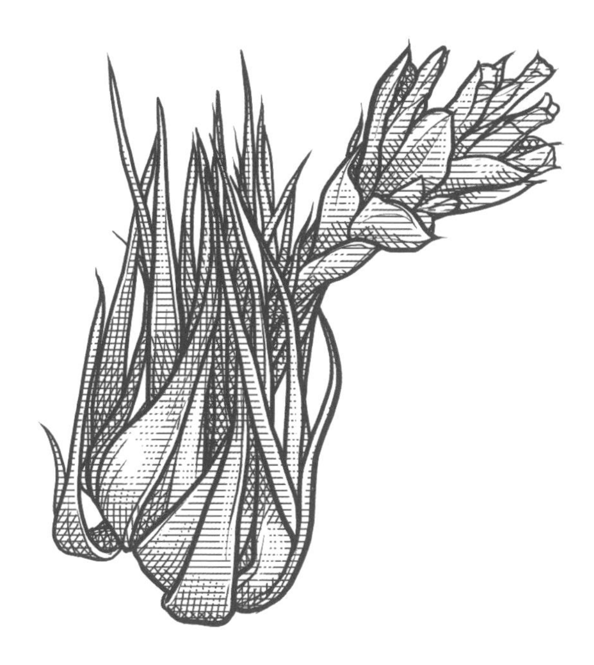

후지카와 후미오 지음 이건우 옮김

흙 없이도 키울 수 있어 '에어플랜트'라는 이름으로 친숙한 식물인 틸란드시아.
화분도 필요 없고 공간을 적게 차지하며 매우 아름다운 꽃을 피우기 때문에 인기가 많습니다.
틸란드시아는 '브로멜리아과(파인애플과)'에 속하는 식물로,
같은 과에 속하는 파인애플과 비슷합니다.

브로멜리아과 식물은 다육식물입니다.
틸란드시아처럼 잎의 표면에서 물을 빨아들일 수 있어
흙이 없어도 살아갈 수 있도록 진화한 '에어 브로멜리아드'.
잎을 통 모양으로 성장시켜 탱크처럼 물을 저장하는 '탱크 브로멜리아드'.
지면에 단단히 뿌리를 내리고 자라는 '그라운드 브로멜리아드'.
이들은 다양한 환경에 적응하면서 생존 방식을 변화시켜 왔습니다.
이들의 '기능미'는 매우 독특해서 이제껏 본 적 없는 신기한 형태를 지닌 식물들뿐입니다.
에어플랜트 이외에도 아직 알려지지 않은 신비한 식물들이 잔뜩 존재하는
매혹적인 '브로멜리아드의 세계'에 오신 것을 환영합니다.

NO SOIL MORE WATER

Contents

Pictorial Book

Column

How to

Guide

제1장 브로멜리아드 도감

브로멜리아과는 8아과 58속 3,200여 종에 달하는 식물이 속하는 거대하고 다양한 식물군입니다. 이 도감에서는 아직 잘 알려지지 않은 브로멜리아과의 매력 넘치는 식물 245종을 생태에 따라 에어 브로멜리아드, 탱크 브로멜리아드, 그라운드 브로멜리아드의 세 그룹으로 나누어 소개합니다.

아이콘 설명

재배 난이도 아이콘

해당 종의 재배 난이도를 나타냅니다.

★ … 쉽다
★★ … 약간 어렵다
★★★ … 어렵다

물주기 아이콘

해당 종이 어느 정도 물을 좋아하는지 나타냅니다. 성장기의 물주기 빈도가 기준입니다.

💧 … 주 1 회
💧💧 … 주 2 회
💧💧💧 … 주 3 회

일조량 아이콘

해당 종이 어느 정도 햇빛을 좋아하는지 나타냅니다.

◎ … 밝은 그늘을 좋아한다
◎◎ … 40% 정도 빛이 차단된 상태를 좋아한다
◎◎◎ … 직사광선 혹은 그만큼 강한 빛을 좋아한다

재배 형태 아이콘

해당 종의 재배법 종류를 나타냅니다. 제2장의 '브로멜리아드 키우는 법'에 나오는 재배 방법 해설과 연동됩니다.

에어 브로멜리아드

은 … 은엽종(잎이 은색인 식물) 재배법
녹 … 녹엽종(잎이 녹색인 식물) 재배법

탱크 브로멜리아드

경 … 경엽종(잎이 딱딱한 식물) 재배법
연 … 연엽종(잎이 부드러운 식물) 재배법

그라운드 브로멜리아드

건 … 건조지종(건조한 곳에서 자라는 식물) 재배법
삼 … 삼림종(숲에서 자라는 식물) 재배법

학명 설명

(예) *Tillandsia* (속) *ionantha* (종) var. *stricta* (변종) forma *fastigiata* (품종)

속 … 해당 식물의 속명입니다.
종 … 속명과 함께 해당 식물의 종을 나타냅니다.
ssp. … 아종. 종의 하위 단위로 독립 종으로 보기는 어려운 종을 분류합니다.
var. … 변종. 아종의 하위분류로 주로 분포 지역에 따른 변종 등이 있습니다.
forma/f. … 품종. 변종의 하위분류로 꽃 색의 차이 등을 나타냅니다.
' ' … 원예품종. 원예를 목적으로 사람이 만든 교배종 및 선발종을 작은따옴표로 나타냅니다.
sp. … 아직 학명이 없는 미기재종을 나타냅니다.
cf. … 거의 비슷한 유의종을 나타냅니다.
aff. … 유의종을 나타냅니다. cf.의 하위분류입니다.
( ) … 괄호 안에는 해당 개체에서 나타나는 특징, 원산지, 데이터 등을 기록합니다.

Tillandsia

틸란드시아속

주로 열대 아메리카에 분포하며, 에어 브로멜리아드와 탱크 브로멜리아드가 있다. 다양한 형태와 성질을 지닌 종이 풍부한 속. 원종만 600종이 넘으며 원예품종을 포함하면 2,000종 이상이다. 주로 나무나 바위에 붙어 살아 흙이 필요 없다는 점에서 에어플랜트라는 이름으로 잘 알려져 있다. 그러나 알려진 것보다는 물을 좋아한다. 너무 강한 햇빛은 싫어하므로 통풍이 잘 되는 밝은 그늘에서 키운다.

아이란토스 미니퍼플
Tillandsia aeranthos 'Mini Purple'
소형이며 잎이 보라색을 띠는 것이 특징인 품종.
은 ★ 💧💧 ◎◎

아이란토스
Tillandsia aeranthos

꽃이 아름답고 잘 피는 종. 추위에 강하다.

음★💧💧◎◎

아이란토스 알바
Tillandsia aeranthos var. *alba*

흰색 꽃이 피는 아이란토스의 변종.

음★★💧💧◎◎

아이란토스 마지나타
Tillandsia aeranthos 'Marginata'

아이란토스의 점박이 꽃 돌연변이로 보인다.

음★💧💧◎◎

아이조이데스
Tillandsia aizoides

높이 2cm 정도의 초소형종. 꽃에 향기가 있다.

음★💧💧◎◎

안디콜라
Tillandsia andicola

잎이 딱딱하며 3~4cm 정도 되는 소형종. 꽃에 향기가 있다.
㉢★●●◎◎

알베르티아나
Tillandsia albertiana

5cm 정도이며 어긋나기로 잎이 나는 소형종.
㉢★●●◎◎

아르겐티나
Tillandsia argentina

다육질의 딱딱한 잎을 가진 소형종.
㉢★●●◎◎

아라우예이
Tillandsia araujei

줄기가 길게 자라는 브라질 원산종.
㉢★●●◎◎

아트로비리디페탈라
Tillandsia atroviridipetala

짙은 녹색 꽃잎이 특징. 더위에는 조금 약한 편.
(은) ★★💧💧◎◎

아레퀴타이
Tillandsia arequitae

느리게 성장하지만 꽃이 매우 아름답다.
(은) ★💧💧◎◎◎

아트로비리디페탈라 롱게페둥쿨라타
Tillandsia atroviridipetala var. *longepedunculata*

꽃자루가 길게 자라는 아트로비리디페탈라의 변종.
(은) ★★💧💧◎◎

반덴시스
Tillandsia bandensis

잎이 어긋나기로 난다. 꽃에 향기가 있다.
(은) ★💧💧◎◎

베르게리 마조르
Tillandsia bergeri 'Major'
대형 베르게리로 줄기가 긴 품종.
ⓔ★●●◎◎◎

베르메요인시스
Tillandsia bermejoensis
볼리비아 원산으로 튼튼하다.
(은)★💧💧◎◎

브렌네리
Tillandsia brenneri
탱크 계열 틸란드시아. 보라색 꽃이 핀다. 약간 더위에 약하다.
(녹)★★★💧💧💧◎◎

브라키카울로스 셀렉타
Tillandsia brachycaulos 'Selecta'
꽃이 필 때 포기 전체가 붉게 변한다.
(녹)★💧💧💧◎◎

바르푸시
Tillandsia barfussii
아레퀴타이와 닮은 대형종. 파라과이 원산.
은★💧💧◎◎◎

붓치
Tillandsia butzii
포기 전체에 반점이 있는 것이 특징. 물을 좋아한다.
녹★💧💧💧◎◎

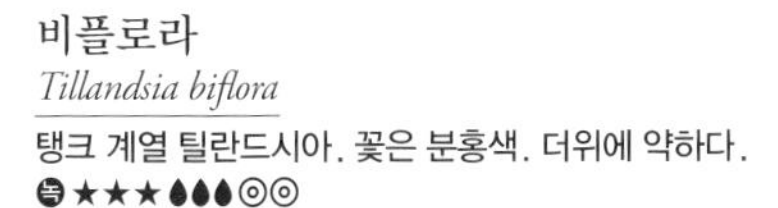

비플로라
Tillandsia biflora
탱크 계열 틸란드시아. 꽃은 분홍색. 더위에 약하다.
녹★★★💧💧💧◎◎

불보사
Tillandsia bulbosa

가꾸기 쉬워 인기가 많으며 항아리형 꽃이 핀다.

녹★●●●◎◎

불보사 레드불
Tillandsia bulbosa 'Red Bull'

붉은색이 매우 도드라지는 품종.

녹★●●●◎◎

불보사 알바
Tillandsia bulbosa forma *alba*

흰색 꽃이 피는 불보사 품종.

녹★●●●◎◎

칵티콜라

Tillandsia cacticola

선인장에 붙어 자라서 이런 이름이 붙었다.

음★★💧💧◎◎

칼리기노사

Tillandsia caliginosa

잎이 어긋나기로 난다. 노란색 꽃에 갈색 반점이 있다.
꽃에 향기가 있다.

음★💧💧◎◎

카필라리스 라지 폼
Tillandsia capillaris (Large form)

카필라리스의 대형종. 포기 너비가 2cm를 넘는다.
음★★♦♦◎◎

카필라리스 서큘렌츠 폼
Tillandsia capillaris (Succulents form)

잎이 다육질인 카필라리스.
음★★♦♦◎◎

카필라리스 자나이
Tillandsia capillaris 'Janai'

가늘고 길게 자란다. 포기 너비가 1cm 정도 되는 품종.
음★★♦♦◎◎

cf. 카필라리스

Tillandsia cf. *capillaris* HR5174

카필라리스로 추정되는 종. 3cm가 채 되지 않는 소형종.

은★★♦♦◎◎

카피타타 옐로우

Tillandsia capitata 'Yellow'

지름이 40cm를 넘는 대형 품종.

녹★♦♦♦◎◎

카피타타 도밍겐시스

Tillandsia capitata 'Domingensis'

꽃이 피지 않을 때도 잎이 붉은색인 소형 품종. 추위에 조금 약하다.

녹★★♦♦♦◎◎

카풋메두사에
Tillandsia caput-medusae

그리스 신화에 나오는 메두사처럼 생겼다 하여 붙은 이름.

(은)★💧💧◎◎

카르미네아
Tillandsia carminea

뿌리를 부착시키지 않으면 좀처럼 자라지 않는다.

(은)★★💧💧◎◎

카울레스켄스
Tillandsia caulescens

'카울레스켄스'란 줄기가 있다는 뜻.

(녹)★💧💧💧◎◎

카페우엔시스 투리포르미스
Tillandsia chapeuensis var. *turriformis*
브라질 바이아주에서 발견된 새로운 변종.
㉤★★💧💧◎◎

코튼 캔디
Tillandsia 'Cotton Candy'

스트릭타와 레쿠르비폴리아의 교배종.

은★💧💧◎◎

키르키나토이데스
Tillandsia circinnatoides

키르키나타(파우키폴리아)와 닮았다 하여 붙은 이름. 강한 빛을 좋아한다.

은★★💧💧◎◎◎

코코인시스
Tillandsia cocoensis

테누이폴리아와 가까운 종이다. 잎이 약간 단단한 편.

은★💧💧◎◎

카이룰레아
Tillandsia caerulea

습도가 높은 환경을 좋아한다.
꽃에 향기가 있다.

(은)★💧💧💧◎◎

카네스켄스
Tillandsia canescens

꽃이 핀 상태에서도 10cm가 채 되지 않는 소형종.

(녹)★★💧💧💧◎◎

코마라파인시스
Tillandsia comarapaensis

볼리비아 원산. 디디스티카와 비슷하지만 꽃이 보라색이다.

(은)★💧💧◎◎

콩콜로르 라지 폼
Tillandsia concolor (Large form)

보통은 15cm 정도이지만, 이것은 45cm나 되는 대형종.

(은)★★💧💧◎◎

코퍼 페니
Tillandsia 'Copper Penny'

오렌지색 꽃이 피며 향기가 있다.

(은)★💧💧◎◎

크로카타
Tillandsia crocata
습도가 높은 환경을 좋아하지만 물이 정체되는 것은 싫어한다.
꽃에 향기가 있다.
은★★💧💧◎◎

키아네아
Tillandsia cyanea
물을 좋아하므로 화분에서 키우는 편이 좋다.
녹★💧💧💧◎

디스티카
Tillandsia disticha
지역마다 크기가 조금씩 다르다.
은★💧💧◎◎

두라티 삭사틸리스
Tillandsia duratii var. *saxatilis*
큰 것은 꽃대를 포함하면 1m를 넘기도 한다.
은★💧💧◎◎

도로테아이
Tillandsia dorotheae
알베르티아나와 닮았으나 10cm 정도 더 크다.
은★💧💧◎◎

디디스티카
Tillandsia didisticha
코마라파인시스와 비슷하며 꽃은 흰색이다.
은★💧💧◎◎

에릭 노블로크
Tillandsia 'Eric Knobloch'

브라키카울로스와 스트로프토필라의 교배종.

은★●●◎◎

폴리오사
Tillandsia foliosa

물을 좋아하므로 화분에서 키우는 편이 좋다.

녹★●●●◎◎

풍키아나
Tillandsia funckiana

추위에 조금 약한 것 외에는 튼튼한 종.

은★●●◎◎

푸크시 그라킬리스
Tillandsia fuchsii forma *gracilis*

잎끝이 마르지 않도록 습도를 높게 유지한다.

은★●●◎◎

푸네브리스
Tillandsia funebris (Darkbrown flower)

포기의 지름이 5cm가 채 되지 않는 소형종. 꽃에 향기가 있다.

은★●●◎◎

프레스닐로인시스
Tillandsia fresnilloensis

칼빈스키아나와 비슷한 종으로 약간 작다.
㉦★●●◎◎

푸네브리스
Tillandsia funebris (Oldgold flower)

황토색부터 검정에 가까운 짙은 갈색까지 꽃 색이 다양하다.
㉦★●●◎◎

가르드네리 루피콜라
Tillandsia gardneri var. *rupicola*

기본종보다 잎이 두껍다. 꽃은 연분홍색부터 연보라색까지 다양하다. ㉦★★●●◎◎

게미니플로라 잉카나
Tillandsia geminiflora var. *incana*

게미니플로라의 변종으로 잎이 흰색이다.
㊐★★💧💧◎◎

글라브리오르 옐로우 플라워 폼
Tillandsia glabrior (Yellow flower form)

스키에데아나의 변종에서 독립한 것. 꽃은 분홍색과 노란색 두 종류. ㊐★💧💧◎◎

게르다이
Tillandsia gerdae

튼튼하지만 자라는 속도는 느리다. 쿠시피오이데스와 가까운 종으로 약간 작다. ㊐★★💧💧◎◎◎

그라오모골렌시스
Tillandsia graomogolensis

습도가 높은 환경을 좋아한다. 예전에는 '쿠르트호르스티'라고 불렀다. ㊐★★💧💧◎◎

길리에시
Tillandsia gilliesii HR7247

4cm가 채 되지 않는 소형종. 꽃에 향기가 있다.

은★★💧💧◎◎

힐다이
Tillandsia hildae

꽃대를 포함한 길이가 2m인 대형종.

은★💧💧◎◎

하리시
Tillandsia harrisii

과테말라 고유종. CITES Ⅱ* 에 등록되어 있다.

은★💧💧◎◎

*야생 동·식물종의 국제거래에 관한 협약(Convention on International Trade in Endangered Species of Wild Flora and Fauna) 멸종위기에 처한 야생동식물의 국제거래를 일정한 절차를 거쳐 제한함으로써 멸종위기종을 보호하는 협약이다. – 역자 주

히르타
Tillandsia hirta HR5049
길리에시와 비슷한 소형종. 더위에 조금 약하다.
㊀★★★💧💧◎◎

헤우베르게리
Tillandsia heubergeri
브라질 원산인 소형 희소종.
㊀★★💧💧◎◎

이그네시아이
Tillandsia ignesiae
멕시코 원산인 녹화종. 플루모사(*Tillandsia* 'Plumosa')와 가까운 종으로 더위에 조금 약하다. ㊀★★💧💧◎◎

이오난타 막시마
Tillandsia ionantha var. *maxima*
15cm 정도 되는 이오난타 대형종.
음★●●◎◎

이오난타 알비노
Tillandsia ionantha 'Albino'
흰색 꽃이 피는 이오난타 품종.
음★●●◎◎

이오난타 알보마르기나타
Tillandsia ionantha 'Albomarginata'
흰색 무늬가 있는 이오난타 품종.
음★●●◎◎

이오난타 기간테
Tillandsia ionantha 'Gigante'

25cm 정도 되는 이오난타 대형종.

🅔★💧💧◎◎

이오난타 드루이드
Tillandsia ionantha 'Druid'

흰색 꽃이 피는 이오난타 품종.

🅔★💧💧◎◎

이오난타 톨 벨벳
Tillandsia ionantha 'Tall Velvet'

키가 큰 이오난타 품종.

🅔★💧💧◎◎

이오난타 스트릭타 로시타
Tillandsia ionantha var. *stricta* 'Rosita'

잎이 가늘고 붉은색을 더 강하게 띄는 이오난타 변종.

🅔★💧💧◎◎

*이오난타는 우리나라에서 이오난사라는 유통명으로 널리 알려져 있다. –역자주

이오난타 푸에고
Tillandsia ionantha 'Fuego'
불꽃과 같은 붉은색을 띠는 소형종. 추위에 조금 약하다.
음★●●◎◎

이오난타 멕시코 폼
Tillandsia ionantha (Mexican form)
멕시코산 이오난타. 크기가 약간 작다.
음★●●◎◎

이오난타 스트릭타 파스티기아타
Tillandsia ionantha var. *stricta* forma *fastigiata*
'피넛'이라는 애칭으로 불리는 소형종. 더위에 조금 약하다.
음★●●◎◎

이오난타 피치
Tillandsia ionantha 'Peach'

보라색 꽃이 피는 것을 진짜로 친다.

㉢★💧💧◎◎

이오난타 바리에가타
Tillandsia ionantha 'Variegata'

무늬가 있는 이오난타 품종.

㉢★💧💧◎◎

이오난타 반하이닌기
Tillandsia ionantha var. *van-hyningii*

줄기가 있는 이오난타 변종.

㉢★💧💧◎◎

이오난타 루브라
Tillandsia ionantha 'Rubra'

과테말라 원산으로 꽃이 필 때 잎이 분홍색으로 물드는 품종.

㉢★💧💧◎◎

익소이데스 비리디플로라

Tillandsia ixoidcs ssp. *viridiflora*

유쿤다의 변종에서 익소이데스의 아종으로 바뀌었다.

음★★💧💧◎◎

융케아

Tillandsia juncea

매우 튼튼하며 증식도 잘한다.

음★💧💧◎◎

유쿤다

Tillandsia jucunda

꽃이 잘 피며 튼튼한 종.

음★💧💧◎◎

카우츠키
Tillandsia kautskyi
브라질 원산으로 꽃이 아름다운 소형종. 2013년에 CITES Ⅱ에서 제외되었다.
㉢★★💧💧◎◎

롯테아이
Tillandsia lotteae
꽃이 필 때는 포기의 지름이 30cm를 넘는다. 꽃잎이 쭈글쭈글하다.
㉢★💧💧◎◎

롤리아케아
Tillandsia loliacea
키가 3cm 정도 되는 소형종. 꽃에 향기가 있다.
㉢★💧💧◎◎

막브리데아나

Tillandsia macbrideana

페루 원산으로 더위에 약하다.

은★★★💧💧◎◎

마그누시아나

Tillandsia magnusiana

더위에는 조금 약하지만, 심으면 아름답다.

은★★💧💧◎◎

미칸스

Tillandsia micans

꽃대를 포함하면 50cm를 넘는다. 느리게 자란다.

은★💧💧◎◎

밀라그렌시스

Tillandsia milagrensis

브라질 원산으로 건조한 기후에 강한 종.

㉤★💧💧◎◎

미오수라

Tillandsia myosura

다육질 잎이 어긋나기로 난다. 꽃에 향기가 있다.

㉤★💧💧◎◎

누프티알리스

Tillandsia nuptialis

꽃대를 포함하면 약 50cm.
꽃이 피기까지 시간이 걸린다.

㉤★★💧💧◎◎

오로게네스

Tillandsia orogenes

꽃차례가 나온 후 꽃이 그만 필 때까지 반년 이상 걸린다. 더위에 조금 약하다. ㉦★★💧💧💧◎◎

팔레아케아 아푸리마켄시스

Tillandsia paleacea ssp. *apurimacensis*

이 변종명은 페루의 아프리막에서 난다는 데서 유래했다

음★💧💧◎◎

프세우도바일레이×스트렙토필라

Tillandsia pseudobaileyi × *streptophylla*

꽤나 큰 교배종. 꽃이 필 때 감상하는 즐거움이 있다.

음★💧💧◎◎

퀘로인시스

Tillandsia queroensis

에콰도르 원산.
번식은 왕성하지만 더위에 조금 약하다.

음★★💧💧◎◎

프라스케키

Tillandsia praschekii

'쿠바 이오난타'라고도 한다. 추위에 조금 약하다.

음★★💧💧◎◎

레쿠르비폴리아 수브세쿤디폴리아
Tillandsia recurvifolia var. *subsecundifolia*

레오나미아나와 자주 혼동하지만 다른 종이다. 튼튼하다.

ⓔ★💧💧◎◎

세이델리아나
Tillandsia seideliana

습도가 높은 환경을 좋아한다. 소박하면서도 아름다운 꽃 색을 지녔다. 녹★★●●●◎◎

스카포사
Tillandsia scaposa

'콜비'라는 이름으로도 유통된다.
은★●●◎◎

스키에데아나 미노르
Tillandsia schiedeana 'Minor'

소형 스키에데아나. 사상체가 약간 적다.
은★●●◎◎

세렐리아나 미니 퍼플
Tillandsia sereliana 'Mini Purple'

소형종. 15cm 정도일 때 꽃이 핀다.
㊀★💧💧◎◎

스피랄리페탈라
Tillandsia spiralipetala HR4167

지름 4cm 정도인 소형종. 꽃잎이 꼬여 있으며 향기가 있다.
㊀★★💧💧◎◎

스프렝겔리아나
Tillandsia sprengeliana

브라질 원산으로 꽃이 아름다운 소형종. 2013년에 CITES Ⅱ에서 제외되었다. ㊀★★💧💧◎◎

스텔리페라
Tillandsia stellifera HR4218

지름 1cm 정도로 텍토룸(tectorum) 계열의 초소형종.
㊐★★♦♦◎◎

스트라미네아
Tillandsia straminea

포기의 생김새 등에서 변이가 크게 일어난다.
원래는 꽃에 향기가 있지만, 없는 것도 있다.
㊐★♦♦◎◎

스트렙토카르파
Tillandsia streptocarpa

두라티와 비슷하지만 줄기가 길지 않다. 꽃에 향기가 있다.
㊐★♦♦◎◎

스트렙토필라

Tillandsia streptophylla

건조해지면 잎이 포기 쪽으로 말려들어가듯 쪼그라드는 항아리형 종.

㉤★💧💧◎◎

스트릭타
Tillandsia stricta
튼튼하며 꽃이 잘 핀다. 초보자에게 좋은 종.
녹★●●●◎◎

스트릭타 하드 리프
Tillandsia stricta (Hard leaf)
잎이 단단한 스트릭타 종. 기본종보나 건조한 기후에 강하다.
은★●●◎◎

스트릭타 알비폴리아 코스탄조
Tillandsia stricta var. *albifolia* 'Costanzo'
잎이 하얀 스트릭타의 변종.
은★●●◎◎

스트릭타 세미알바
Tillandsia stricta 'Semialba'
화포(꽃턱잎)가 연분홍색을 띠는 품종.
㉦★💧💧◎◎

수크레이
Tillandsia sucrei
뿌리를 내리면 더욱 상태가 좋아진다. 2013년에 CITES Ⅱ에서 제외되었다. ㉦★★💧💧◎◎

텍토룸 기간테아
Tillandsia tectorum forma *gigantea*
지름이 40cm를 넘으며 잎이 방사형으로 퍼진다. 텍토룸 계열 중 최대품종. ㉦★💧◎◎◎

텍토룸 스몰 폼
Tillandsia tectorum (Small form)
에콰도르산 소형 텍토룸.
㉦★💧◎◎◎

테네브라
Tillandsia tenebra
꽃 색이 연보라색부터 흑갈색, 연갈색 등 다양하며 향기가 있다.
은★★💧💧◎◎

테누이폴리아 스트로빌리포르미스 퍼플 폼
Tillandsia tenuifolia var. *strobiliformis* (Purple form)
꽃이 매우 잘 핀다. 햇빛이 강하면 잎이 보라색을 띤다.
녹★💧💧💧◎◎

테누이폴리아 블루 플라워
Tillandsia tenuifolia 'Blue Flower'
테누이폴리아 중 가장 인기가 많은 품종. 물이 부족하지 않도록 조심한다. 녹★💧💧💧◎◎

토메키
Tillandsia tomekii HR23155
텍토룸 계열 소형종.
은★💧💧◎◎◎

테누이폴리아 카보 프리오
Tillandsia tenuifolia 'Cabo Frio'
다부지고 단단한 생김새를 지닌 테누이폴리아.
은★💧💧◎◎

타이

Tillandsia 'Ty'

불보사와 엘레르시아나의 교배종.

음★💧💧◎◎◎

토로피엔시스

Tillandsia toropiensis

테누이폴리아와 비슷하며 화포가 붉다.

음★★💧💧◎◎

트리콜레피스

Tillandsia tricholepis

지름이 1cm가 채 되지 않는 소형종. 꽃은 노란색.

음★★💧💧💧◎◎

우스네오이데스

Tillandsia usneoides

통풍이 잘 되고 습도가 높은 곳을 좋아한다. 형태가 다양하다. 꽃은 황록색이며 향기가 있다.

㉧★★♦♦♦◎◎

*국내에선 수염틸란이란 이름으로 유통되고 있다-역자주

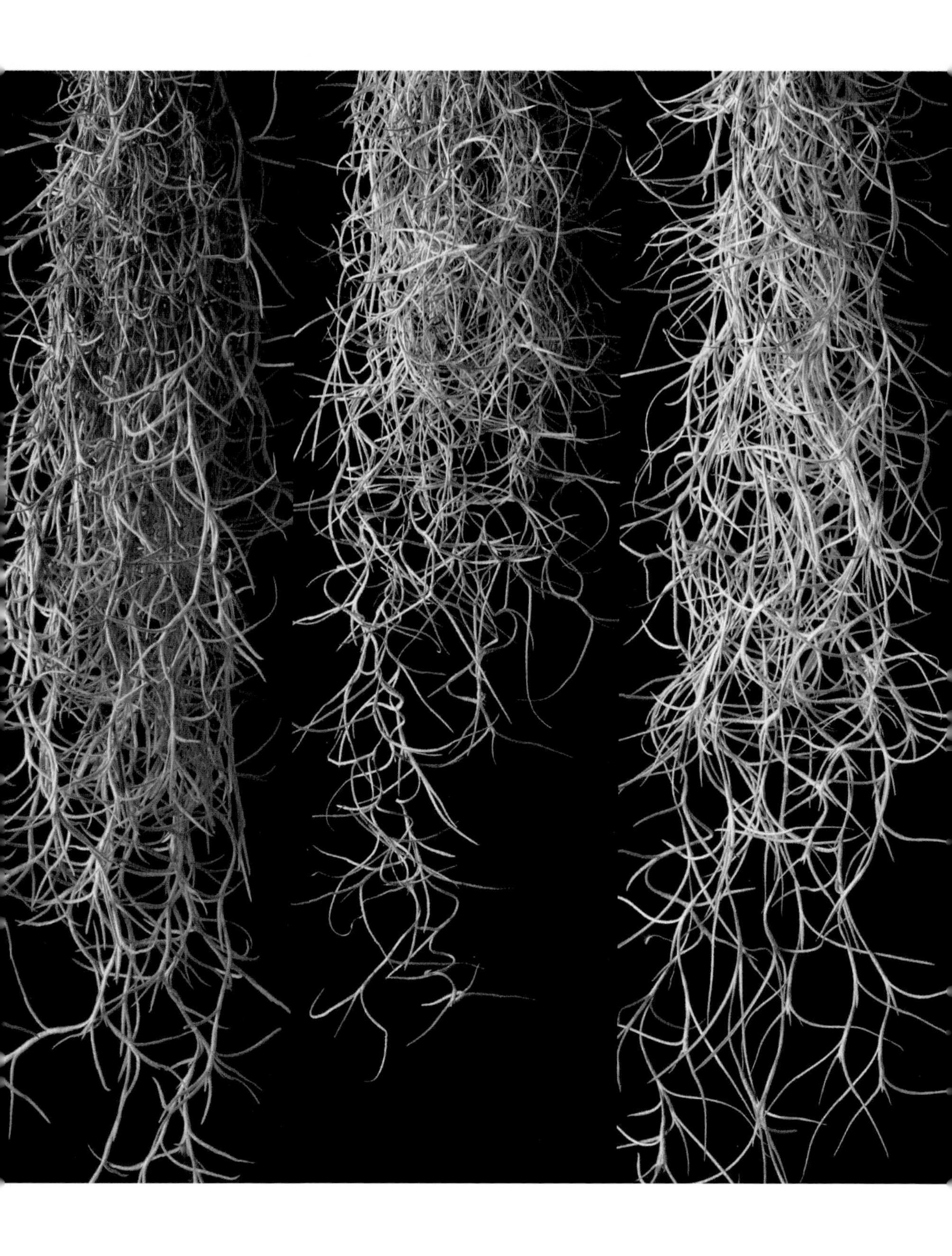

우트리쿨라타 프링글레이

Tillandsia utriculata ssp. *pringlei*

꽃을 피우지 않고도 새끼 그루가 생기는 아종.

㊀★●●◎◎

벨릭키아나

Tillandsia velickiana

고산지대에서 자라므로 더위에 조금 약하다.

㊀★★●●◎◎

비레스켄스

Tillandsia virescens HR7343

카필라리스와 비슷한 소형종. 사진에 보이는 선모는 씨앗이다.

㊀★★●●◎◎

화이트 스타

Tillandsia 'White Star'

익소이데스와 레쿠르비폴리아의 교배종.

㊀★●●◎◎

크세로그라피카
Tillandsia xerographica
실내에서는 식물이 물을 저장하고 있지 않도록 주의한다.
CITES Ⅱ 지정종.
㊎★★●●◎◎
*국내에선 세로그라피카라는 유통명으로 알려져 있다 – 역자주

크시피오이데스 타피엔시스
Tillandsia xiphioides var. *tafiensis*
꽃이 보라색인 변종. 꽃에 향기가 있다.
㊎★●●◎◎◎

크시피오이데스 퍼지 폼
Tillandsia xiphioides (Fuzzy form)
사상체(인편)가 많으며
꽃에 향기가 있다.
㊎★●●◎◎◎

틸란드시아 자생지 : 멕시코 오악사카

OAXACA MEXICO

멕시코 오악사카주는 유명한 '오악사카나'를 비롯한 수많은 틸란드시아가 발견된 '성지'입니다. 마을 자체가 해발 1,600m 고지대에 있는 데다가, 거기서 또 산에 오르면 2,700m 높이까지 나무나 바위에 수많은 틸란드시아가 붙어 자라고 있습니다. 생명력 넘치는 야생의 틸란드시아를 보면 마음이 요동칩니다.

나무 위 여기저기에 붙어 자라는 틸란드시아 프로디기오사와 틸란드시아 막도우갈리.

비탈면에 자라는 나무들에는 다양한 식물이 붙어 자란다.

꽃차례가 나온 틸란드시아 막도우갈리.

희소종인 틸란드시아 오악사카나.

사진 제공 / 시마자키 아키라.

Aechmea

애크메아속

주로 열대 아메리카에 분포하는 탱크* 브로멜리아드. 가늘고 긴 원통형 풀처럼 생긴 것부터 넉넉해 보이는 항아리형, 대형종에서 소형종까지 다양한 형태를 즐길 수 있는 속 가운데 하나다. 선명한 꽃차례를 장기간 피우는 종도 많다.

버트 F2

Aechmea 'Bert' F2

올란디아나와 포스테리아나의 교배종 2세대.

경★●●◎◎◎

*탱크라함은 원통령으로 난 잎 중앙부에 물을 저장할 수 있는 워터 탱크가 있다고 해서 붙인 이름이다. – 역자주

카우다타 블롯케스
Aechmea caudata 'Blotches'

꽃이 필 때 크기가 30cm이며 포기 중심과 잎끝이 짙은 감색이 된다. 노란색 꽃이 핀다.

㉮★♦♦◎◎◎

코레이아아라우요이 다크 폼
Aechmea correia-araujoi (Dark form)

땅 위에 길게 뻗는 줄기 끝에 새끼 그루가 난다.
올란디아나와 비슷하지만 꽃이 다르다.
경★●●◎◎◎

루에데마니아나 멘드
Aechmea lueddemanniana 'Mend'

꽃이 피면 지름이 40cm 정도이며, 아름다운 무늬가 있는 품종.
경★●●◎◎

누디카울리스 라파
Aechmea nudicaulis 'Rafa'

누디카울리스 중에서도 특이한 생김새를 지닌 품종.

경 ★ ●● ◎◎◎

누디카울리스

Aechmea nudicaulis

인기가 많은 종. 관리를 잘하면 더욱 멋진 모습으로 자란다.

경 ★ ●● ◎◎◎

누디카울리스 루브라

Aechmea nudicaulis 'Rubra'

기본종보다 약간 작다. 햇볕을 쬐면 더욱 붉은색이 된다.

경 ★ ●● ◎◎◎

누디카울리스 블락키

Aechmea nudicaulis 'Blackie'

윤기 나는 질감이 매력. 햇볕을 쬐면 더욱 진한 색이 된다.

경 ★ ●● ◎◎◎

올란디아나 레인보우

Aechmea orlandiana 'Rainbow'

잎 색이 복잡한 올란디아나의 선발품종.

㉢★●●◎◎◎

올란디아나 엔사인

Aechmea orlandiana 'Ensign'

무늬가 있는 올란디아나의 선발품종.

㉢★●●◎◎◎

올란디아나 핑크 폼

Aechmea orlandiana (Pink form)

기본종보다 하얀 부분이 많으며 햇빛이 강하면 분홍색을 띤다.

㉢★●●◎◎◎

푸르푸레오로세아

Aechmea purpureorosea

보랏빛을 띤 장미색 꽃차례에 보라색 꽃을 피운다.

㉢★●●◎◎

빅토리아나

Aechmea victoriana

물을 좋아하는 소형 애크메아.

㉤★●●●◎◎

라키나이

Aechmea racinae

지름이 20cm 정도인 소형 애크메아.

㉤★●●●◎◎

레쿠르바타 아티초크

Aechmea recurvata 'Artichoke'

꽃 피는 방식이 아티초크와 비슷하다 하여 붙은 이름.

경 ★ ●●● ◎◎◎

레쿠르바타 레드 폼

Aechmea recurvata (Red form)

잎이 붉게 물드는 레쿠르바타.

경 ★ ●●● ◎◎◎

Billbergia

빌베르기아속

브라질을 중심으로 열대 아메리카에 분포하며 잎이 단단한 탱크 브로멜리아드가 많다. 미국의 육종가인 돈 비들이 다양한 교배 실험을 통해 원예 작품과도 같은 복잡한 잎 모양을 가진 교배종을 다수 만들어냈다. 그 이후 애호가가 늘어 왕성하게 교배종이 탄생하는 인기 속이 되었다. 가늘고 긴 원통형 로제트(rosette)를 이루는 종이 많으며 꽃이 아름답다.

비들맨
Billbergia 'Beadleman' (Beadle#1596)
도밍구스마르틴스와 헬파이어의 교배종.
㉓★♦♦◎◎◎

콜드 퓨전

Billbergia 'Cold Fusion'

도밍구스마르틴스와 렙토포다의 교배종.

경★♦♦◎◎◎

데나다

Billbergia 'De Nada' (Beaolle#250)

아모에나와 만다즈오셀로의 교배종.

경★♦♦◎◎◎

다스베이더

Billbergia 'Darth Vader'

햇볕을 쬐면 더욱 검어진다.

경★♦♦◎◎◎

그루비

Billbergia 'Groovy' (Beadle#1590)

할렐루야와 도밍구스마르틴스의 교배종.

경★●●◎◎◎

아이보리 타워

Billbergia 'Ivory Tower'

높이 40cm가 넘는 키 큰 교배종.

경★●●◎◎◎

할렐루야

Billbergia 'Hallelujah' (Beadle#1260)

돈 비들의 대표작으로 색과 모양이 모두 뛰어나다.

경★●●◎◎◎

재닛 윌슨

Billbergia 'Janet Willson'

바깥쪽으로 말린 잎끝이 매력인 교배종.

경★●●◎◎◎

카우츠키아나
Billbergia kautskyana

더위에 조금 약하므로 여름에는 시원한 곳에서 키운다.
㉥★★●●●◎◎

누탄스 미니
Billbergia nutans 'Mini'

누탄스의 초소형 선발품종.
㉢★●●●◎◎

라밤바
Billbergia 'La Bamba'

50cm가 넘는 대형 교배종.
㉢★●●◎◎◎

나나
Billbergia nana

15cm 정도의 소형종.
㉢★●●◎◎

로사
Billbergia 'Rosa' (Beadle#246)
콜레비와 판타지아의 교배종.
경★♦♦◎◎◎

스트로베리
Billbergia 'Strawberry'
판타지아와 무리엘워터맨의 교배종.
경★♦♦◎◎◎

산데리아나
Billbergia sanderiana
황록색이며 끝부분에 보라색 꽃이 피는 종. 톱니가 크다.
경★♦♦◎◎◎

스테노페탈라
Billbergia stenopetala
꽃이 피면 약 60cm가 되는 대형종. 추위에 조금 약하다.
경★♦♦◎◎◎

타이탄
Billbergia 'Titan'
윈디와 브라실리엔시스의 교배종. 크게 자란다.
경★♦♦◎◎◎

화이트 클라우드
Billbergia 'White Cloud'
30cm 정도 자라면 꽃이 핀다.
경★♦♦◎◎◎

비타타 도밍구스마르틴스

Billbergia vittata 'Dommingos Martins'

야생에서 발견한 비타타의 선발품종.

㉢★★●●◎◎◎

Brocchinia

브로키니아속

남미 북부와 기아나 고지에 분포하는 잎이 부드러운 탱크 브로멜리아드. 브로멜리아드 중에서는 유일하게 잎이 붙어 있는 부분에서 소화효소를 분비하는 식충식물을 포함하는 속이다.

리덕터
Brocchinia reducta
브로멜리아과에서는 매우 희귀한 식충식물.
연 ★★ ●●● ◎◎

Canistrum

카니스트룸속

브라질을 중심으로 분포하는 잎이 단단한 탱크 브로멜리아드. 애크메아와 가까운 종으로, 속명은 꽃차례의 모양이 '작은 바구니'를 닮았다는 데서 유래했다.

포스테리아눔
Canistrum fosterianum
꽃이 피면 40cm가 넘는다. 카니스트룸속에서는 큰 편이다.
강 ★ ●● ◎◎◎

트리앙굴라레 다크 클론
Canistrum triangulare (Dark clone)
트리앙굴라레 중에서도 검은색을 특히 많이 띠는 개체.
경★💧💧◎◎◎

트리앙굴라레 스파이니 폼
Canistrum triangulare (Spiny form)
검고 큰 톱니가 눈에 띄는 개체.
경★💧💧◎◎◎

Catopsis

카톱시스속

중앙아메리카를 중심으로 분포하는 잎이 부드러운 탱크 브로멜리아드. 틸란드시아와 가까운 속이다. 암수딴그루인 종도 있다.

세실리플로라

Catopsis sessiliflora

카톱시스 중에서는 흔치 않은 원통형 로제트를

연 ★ 💧💧💧 ◎◎

수불라타

Catopsis subulata

균형 잡힌 항아리형 모습이 일품이다. 더위에 조금 약하다.

연 ★★ 💧💧💧 ◎◎

Hohenbergia

호헨베르기아속

브라질부터 카리브해 연안에 걸쳐 분포하는 잎이 단단한 탱크 브로멜리아드. 애크메아와 가까운 속으로 최근에는 항아리형 종들이 주목받고 있다.

카틴가이 다크 퍼플

Hohenbergia catingae 'Dark Purple'

카틴가이 중에서도 특히 다부진 모습이다.

경 ★ ●● ◎◎◎

카틴가이 엘롱가타

Hohenbergia catingae var. *elongata*

높이 70cm 정도인 대형종.

경 ★ ●● ◎◎◎

코레이아아라우요이

Hohenbergia correia-araujoi

호헨베르기아속 중에서는 이질적으로 줄무늬가 있는 종.

경 ★ ●● ◎◎◎

에드문도이 클로노타입 레미
Hohenbergia edmundoi (Clono type Leme)

꽃이 피면 약 30cm. 약간 느리게 자란다.

경★●●◎◎◎

후밀리스
Hohenbergia humilis

꽃이 피었을 때 높이 20cm 정도인 소형종.

경★●●◎◎◎

레메이
Hohenbergia lemei

엘턴 레미의 이름을 땄다. 2009년에 기재.

경★●●◎◎

레오폴도호르스티 샤파다 지아만치나
Hohenbergia leopoldo-horstii (Chapada Diamantina)

옆으로 넓게 퍼지는 레오폴도호르스티.

경★●●◎◎◎

레오폴도호르스티 단 클론

Hohenbergia leopoldo-horstii (Dan clone)

잘 관리해서 키우면 훌륭한 항아리형이 되며, 짙은 보랏빛을 띤다.

경★💧💧◎◎◎

레오폴도호르스티 레드 폼
Hohenbergia leopoldo-horstii (Red form)

짙은 붉은색을 띠는 레오폴도호르스티.
경★♦♦◎◎◎

라마게아나
Hohenbergia ramageana

추위에 조금 약해서 동절기에 기온이 5도 아래로 내려가면 겉잎이 말라버린다. 경★♦♦◎◎◎

펜나이 셀렉트
Hohenbergia pennae 'Select'

가는 원통형 종인 펜나이의 우량 클론.
경★★♦♦◎◎◎

운둘라티폴리아
Hohenbergia undulatifolia

잎 가장자리가 물결무늬이며 펜나이와 관련이 있을 것으로 추정되는 종. 경★♦♦◎◎◎

sp. 산드라스 마운틴

Hohenbergia sp. (Sandra's Mountain)

꽃이 피면 높이 50cm가 넘는 브라질산 미기재종.

경 ★ ♦♦ ◎◎◎

sp.

Hohenbergia sp.

지름이 50cm를 넘는 대형종. 브라질산으로 추정되는 미기재종.

경★♦♦◎◎◎

베스티타 다키스트 클론

Hohenbergia vestita (Darkest clone)

베스티타 가운데 가장 색이 좋은 개체.

경★♦♦◎◎◎

Neoregelia

네오레겔리아속

브라질을 중심으로 분포하는 잎이 단단한 탱크 브로멜리아드. 꽃은 꽃대 없이 로제트 가운데에서 핀다. 잎 색이 다채로운 종이 많으며 교배종도 많다. 튼튼한 것도 매력.

암풀라케아 미누타
Neoregelia ampullacea 'Minuta'
꽃이 필 때 높이 약 8cm. 암풀라케아 중에서도 소형품종.
경★●●●◎◎◎

암풀라케아 티그리나
Neoregelia ampullacea 'Tigrina'
꽃이 필 때 높이 15~20cm. 암풀라케아의 한 품종.
경★●●●◎◎◎

클로로스틱타 베스트 클론

Neoregelia chlorosticta (Best clone)

검은 바탕에 녹색 무늬가 확연히 눈에 띄는 최고의 클론.
(경)★💧💧◎◎◎

바히아나

Neoregelia bahiana

단단하고 다육질인 잎을 가진 소형 네오레겔리아.
(경)★💧💧◎◎◎

호에흐네아나

Neoregelia hoehneana

꽃이 필 때 높이 15cm인 소형종. 땅에서 퍼져나가는 긴 줄기가 특징. (경)★💧💧💧◎◎

카우츠키

Neoregelia kautskyi

브라질 연구자인 로베르트 카우츠키의 이름에서 유래.

㉮★★♦♦◎◎◎

케리
Neoregelia kerryi

꽃이 필 때 높이 25cm 정도이며 몸통이 가늘다.

경★●●●◎◎

마르모라타
Neoregelia marmorata

마르모라타 중에서도 무늬가 뚜렷한 클론.

경★●●◎◎◎

라이비스
Neoregelia laevis

꽃이 필 때 높이 18cm 정도인 소형종.

경★●●◎◎◎

풍크타티시마 주앙 마르시우
Neoregelia punctatissima 'Joao Marcio'

무늬가 뚜렷한 풍크타티시마 선발 개체.

경★●●●◎◎◎

파우키플로라 라지 폼

Neoregelia pauciflora (Large form)

최대 20cm가 넘는 대형 파우키플로라.

경★♦♦♦◎◎

로이티

Neoregelia roethii (Leme#1859)

꽃이 필 때 높이가 13cm 정도인 소형종.

경★♦♦♦◎◎◎

파우키플로라

Neoregelia pauciflora

꽃이 필 때 높이가 13cm 정도인 소형종.

경★♦♦♦◎◎

Portea

포르테아속

브라질에 분포하는 잎이 단단한 탱크 브로멜리아드. 1m가 넘는 대형종이 많으며 미국의 따뜻한 지역에서는 정원 식물로 친숙하다. 속명은 프랑스의 수집가인 마리우스 포르테의 이름에서 따왔다.

나나

Portea nana (Leme#3028)

꽃이 필 때 높이 약 25cm. 대형종이 많은 포르티아속에서는 흔치 않은 소형종.

경 ★ ●● ◎◎

Quesnelia

퀘스넬리아속

브라질 서부에 분포하는 잎이 단단한 탱크 브로멜리아드.

에드문도이 루브로브락테아타

Quesnelia edmundoi var. *rubrobracteata*

에드문도이의 붉은색 변종.

경 ★ ●● ◎◎◎

아르벤시스 루브라
Quesnelia arvensis 'Rubra'

진홍색을 띤 커다란 화포에서 보라색의 작은 꽃을 피운다.
경★●●◎◎◎

리보니아나
Quesnelia liboniana

꽃이 필 때 높이 약 30cm. 땅에서 퍼지는 줄기로 증식한다.
경★●●●◎◎

마르모라타
Quesnelia marmorata

마르모라타는 '대리석'을 뜻한다. 잎의 무늬에서 유래한 이름.
경★●●◎◎◎

마르모라타 팀 플로우맨
Quesnelia marmorata 'Tim Plowman'
잎끝이 둥글게 말린 마르모라타 선발품종.
경 ★ ●● ◎◎◎

Racinaea

라키나이아속

잎이 부드러운 탱크 브로멜리아드. 예전에는 틸란드시아속에 포함되어 있었다. 중앙아메리카부터 브라질에 걸쳐 분포한다. 습도가 높은 운무림에 주로 서식한다.

콘토르타

Racinaea contorta

꽃이 필 때 높이 약 20cm. 중앙아메리카의 운무림에 서식한다.

㉧★★💧💧💧◎◎

Vriesea

브리에세아속

열대 아메리카에 분포하는 탱크 브로멜리아드. 주로 잎이 부드러운 종이 많다. 틸란드시아와 가까운 속이다.

오스피나이
Vriesea ospinae
노란색 화포에서 노란색 꽃이 핀다.
㉧★💧💧💧◎◎

라키나이
Vriesea racinae
꽃이 필 때 높이가 15cm 정도인 소형종.
㉧★💧💧💧◎◎

sp. 브라질
Vriesea sp. (Brazil)
포에뉴라타와 가까운 브라질산 미기재종.
㉧★💧💧💧◎◎

브로멜리아드 자생지: 브라질 도밍구스 마르틴스

DOMINGOS MARTINS BRASIL

브로멜리아드는 대부분 브라질이 원산지입니다. 브라질 동남부에 있는 에스피리투산토주 중심 도시인 도밍구스 마르틴스는 고산지대가 많고 열대림이 펼쳐져 있어 '녹색 마을'로 불리는 곳입니다. 빌베르기아, 비타타, 도밍구스마르틴스의 발견지로도 알려져, 수많은 브로멜리아드 신종을 발견한 로베르트 카우츠키 씨가 연구 거점으로 삼은 마을이기도 합니다. 거대한 바위 하나로 이루어진 산 '페드라아줄'에서는 바위에 빼곡히 붙어 살아가는 다부진 브로멜리아드의 모습을 볼 수 있습니다.

나무 위에 붙어 사는 빌베르기아 아모에나. –산타 테레자

빌베르기아 투위디에아나. –과라파리 해안

바닷가 바위에 붙어 사는 브로멜리아드들. – 과라파리

암반 급경사면에 붙어 사는 알칸타레아 비니콜로르.

사진 제공/우에노 이치로

Cryptanthus

크리프탄투스속

브라질에 분포하는 삼림계 그라운드 브로멜리아드. 로제트를 위에서 내려다보면 별처럼 보인다 하여 '어스 스타(earth star)'라는 별명이 생겼다. 크리프탄투스는 '숨은 꽃'이라는 뜻으로, 포기 가운데에서 작은 꽃을 피운다. 훌륭한 교배종도 많다.

앱설루트 제로
Cryptanthus 'Absolute Zero'
스위트투스와 아이스에이지의 교배종.
㉦★♦♦◎◎

아르기로필루스
Cryptanthus argyrophyllus

지름 20cm까지 자란다. 습기를 싫어한다.

㊂ ★★♦◎◎

라케르다이
Cryptanthus lacerdae

재배하기 조금 어렵다. 습도가 높아야 한다.

㊂ ★★★♦♦♦◎◎

페른세에오이데스
Cryptanthus fernseeoides

크리프탄투스 중에서는 흔치 않게 줄기가 길게 자라는 종.

㊂ ★★♦♦♦◎◎

라케르다이 메네스칼
Cryptanthus lacerdae 'Menescal'

땅에서 퍼지는 줄기로 증식한다. 재배하기 쉽다.

㊂ ★♦♦◎◎

라티폴리우스 포르마티
Cryptanthus latifolius 'Formati' (Selby 1987-240A)
야생의 선발 개체. 이름은 '넓은 잎'이라는 뜻.
㉲★★💧💧◎◎

레우징게라이
Cryptanthus leuzingerae (Selby 1999-0162A)
브라질 원산으로 매우 희귀한 종.
㉲★★💧💧◎◎

미크로글라지우이
Cryptanthus microglazioui
포기 지름이 5cm 정도인 소형종. 줄기가 있다.
㉲★💧💧◎◎

와라시
Cryptanthus warasii
건조지종 재배 방식으로 키운다. 매우 느리게 자란다.
㉶★💧💧◎◎◎

Deuterocohnia

데우테로코니아속

브라질에 분포하는 건조지계 그라운드 브로멜리아드. 디키아, 헤크티아와 가까운 속이지만 꽃 모양이 다르다. 가늘고 긴 원통형 꽃이 핀다.

브레비폴리아 클로란타
Deuterocohnia brevifolia ssp. *chlorantha*
아브로메이티엘라속에서 편입. 건조한 기후에 강하며 원통형 꽃을 피운다.
건 ★ ●● ◎◎◎

Dyckia

디키아속

주로 남아메리카에 분포하는 건조지계 그라운드 브로멜리아드. 다육식물 애호가 중에서도 이 속의 식물들을 좋아하는 사람이 많으며, 추위와 더위에 모두 강해 매우 키우기 쉽다. 최근에는 교배종도 많이 만들어 매력 있는 품종이 수도 없이 탄생하고 있다. 노란색, 주황색 등의 꽃이 핀다.

브리틀 스타 F2
Dyckia 'Brittle Star'F2
포스테리아나와 프라티필라의 교배종 2세대.
건 ★ ●● ◎◎◎

헤브딩기
Dyckia hebdingii
지름 30cm가 넘는 대형종. 좀처럼 새끼 그루를 만들지 않는다.
건★●●◎◎◎

고에링기
Dyckia goehringii
땅에서 퍼지는 줄기로 새끼 그루를 증식한다.
심★●●◎◎◎

마르니에르라포스톨레이
Dyckia marnier-lapostollei
일본에서는 쉽게 구할 수 있다. 매우 매력 있는 종.
건★●●◎◎◎

sp. 리우그란데
Dyckia sp. (JN1908 Rio Grande do sul)
브라질 원산. 노란색 꽃을 피운다.
건★●●◎◎◎

Encholirium

엥콜리리움속

브라질에 분포하는 건조지계 그라운드 브로멜리아드. 매우 느리게 자라며 섬세한 면도 있어 재배하기 어렵다. 그러나 매우 매력 있는 종이 많으므로 도전할 만한 가치가 있다.

헬로이사이
Encholirium heloisae
감춰진 매력이 있는 소형종. 매우 느리게 자란다.
건 ★★💧💧◎◎◎

sp.
Encholirium sp.
브라질 원산.
디키아 마르니에르라포스톨레이로 취급해 수입한다.
건 ★★💧💧◎◎◎

sp. 콘셀로 브라질
Encholirium sp. (Consello. Brazil)
크기가 20cm를 넘는다.
건 ★★💧💧◎◎◎

sp. 바우
Encholirium sp. (Vaw)
브라질 바우에서 발견한 미기재종.
건 ★★💧💧◎◎◎

Hechtia

헤크티아속

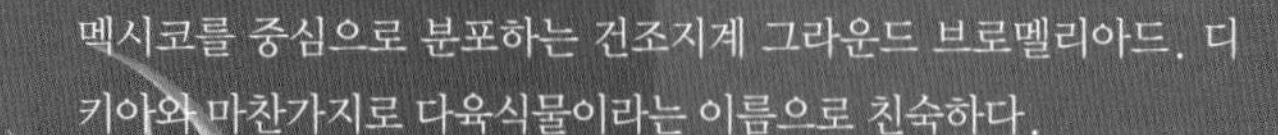

멕시코를 중심으로 분포하는 건조지계 그라운드 브로멜리아드. 디키아와 마찬가지로 다육식물이라는 이름으로 친숙하다.

글로메라타
Hechtia glomerata

일본에서는 '화촉지전'이라고도 부른다.

건 ★ ●● ◎◎◎

리만스미티
Hechtia lyman-smithii

헤크티아 마르니에르라포스톨레이와 혼동하는 일이 많다.

건 ★ ●● ◎◎◎

sp. 멕시코
Hechtia sp. (Mexico)

멕시코산으로 붉은빛이 강하게 도는 종.

건 ★ ●● ◎◎◎

sp. 노바 오악사카
Hechtia sp. Nova (Oaxaca)

멕시코 오악사카에서 발견한 미기재종.

건 ★ ●● ◎◎◎

Orthophytum

오르토피툼속

브라질을 중심으로 분포하며 주로 삼림계 브로멜리아드가 많다. 속명은 '일어서는 식물'이라는 뜻이다. 대부분 길게 자란 줄기에서 꽃을 피운다.

알비미

Orthophytum alvimii

꽃이 필 때는 높이가 50cm를 넘는다.

삼★💧💧◎◎

구르케니

Orthophytum gurkenii

꽃이 필 때는 높이 35cm 정도. 오르토피툼속에서 유일하게 얼룩말 무늬가 있다. 삼★💧💧◎◎

구르케니 워런 루스

Orthophytum gurkenii 'Warren Loose'

구르케니의 선발품종.

삼★💧💧◎◎

마갈라이시

Orthophytum magalhaesii

꽃이 필 때는 높이 30cm 정도가 된다.

삼★💧💧◎◎

aff. 레메이

Orthophytum aff. *lemei*

꽃대까지 포함하면 높이 약 50cm 정도인 대형종. 건조지종이다.

건★●●◎◎◎

Pitcairnia

핏카이르니아속

주로 열대 아메리카에 분포하는 그라운드 브로멜리아드. 브로멜리아과에서는 유일하게 1종이 아메리카 대륙이 아닌 서아프리카에 분포한다.

마크로클라미스
Pitcairnia macrochlamys

멕시코 원산. 동절기에는 잎이 진다.
건 ★●●◎◎◎

마크로클라미스 알바
Pitcairnia macrochlamys 'Alba'

흰색 꽃이 피는 마크로클라미스 변종.
건 ★●●◎◎◎

sp. 에콰도르
Pitcairnia sp. (Ecuador)

길게 자란 줄기에서 꽃을 피운다. 동절기에는 잎이 진다.
건 ★●●◎◎◎

타불리포르미스
Pitcairnia tabuliformis

멕시코 원산으로 로제트가 아름다운 특이한 종.
삼 ★★●●●◎◎

Puya

푸야속

건조지계 그라운드 브로멜리아드로, 대부분이 남아메리카의 안데스처럼 표고가 높은 곳에 서식한다. 브로멜리아과에서 가장 큰 라이몬디 등이 유명하다.

코에룰레아

Puya coerulea

줄기꽃이로 150cm가 넘는 대형종.

건 ★ 💧💧 ◎◎◎

Ursulaea

우르술라이아속

멕시코 원산으로 단 2종뿐이다. 애크메아와 가까운 그라운드 브로멜리아드와 탱크 브로멜리아드의 중간쯤 되는 식물이다.

투이텐시스
Ursulaea tuitensis
멕시코 하리스코주의 바위에 서식한다.
(건) ★ 💧💧 ◎◎◎

브로멜리아드 분류표

BROMELIACEAE

도감에서 소개한 식물 외에도 브로멜리아과에는 8아과, 58속, 3,200여 종에 달하는 식물이 포함되어 있습니다. ※파란색 글자는 도감에 수록된 속.

브로멜리아과 : 8아과 58속 약 3,200종

Bromelioideae
브로멜리아아과 33속

- 아칸토스타키스속
- 애크메아속
- 아나나스속
- 안드롤레피스속
- 아라에오콕쿠스속
- 빌베르기아속
- 브로멜리아속
- 카니스트롭시스속
- 카니스트룸속
- 크리프탄투스속
- 데이나칸손속
- 디스테간서스속
- 에드문도아속
- 에두안드레아속
- 파시쿨라리아속
- 페른시아속
- 그레이기아속
- 호헨베르기아속
- 호헨베르기옵시스속
- 리마리아속
- 네오글라지오비아속
- 네오레겔리아속
- 니둘라리움속
- 오카가비아속
- 오르토피툼속
- 포르테아속
- 프세우도애크메아속
- 프세우도아나나스속
- 퀘스넬리아속
- 론베르기아속
- 우르술라이아속
- 윗트로키아속

Tillandsioideae
틸란드시아아과 9속

- 알칸타레아속
- 카톱시스속
- 글로메로핏카이르니아속
- 구즈마니아속
- 메조브로멜리아속
- 라키나이아속
- 틸란드시아속
- 브리에세아속
- 웨라우히아속

Brocchinioideae
브로키니아아과 1속

- 브로키니아속

Hechtioideae
헤크티아아과 1속

- 헤크티아속

Lindmanioideae
린드마니아아과 2속

- 콘넬리아속
- 린드마니아속

Pitcairnioideae
핏카이르니아아과 6속

- 데우테로코니아속
- 디키아속
- 엥콜리리움속
- 포스텔라속
- 페피니아속
- 핏카이르니아속

Navioideae
나비아아과 5속

- 브루카리아속
- 코텐도르피아속
- 나비아속
- 세크엔시아속
- 스테이에르브로멜리아속

Puyoideae
푸야아과 1속

- 푸야속

제 2 장 브로멜리아드 키우는 법

잎에서 물을 빨아들이는 에어 브로멜리아드, 원통형 로제트 한가운데에 물을 저장하는 탱크 브로멜리아드, 지면에 뿌리를 내리는 그라운드 브로멜리아드. 이렇게 세 그룹으로 나누어 각각 키우는 법을 설명합니다.

※키우는 법은 재배 환경에 따라 천차만별입니다. 설명은 어디까지나 참고용입니다.
실제로 키우면서 매일 식물의 상태를 관찰하고, 주어진 환경에 맞게 키우는 법을 직접 찾아주세요.

에어 브로멜리아드 키우는 법

(틸란드시아속 대부분, 브리에세아속 일부)

에어 브로멜리아드는 주로 나무나 바위에 붙어 살며 잎 표면에서 수분을 흡수하는 틸란드시아속에 속하는 대부분의 식물, 그리고 브리에세아속의 일부 식물을 말합니다. 흔히 에어플랜트라고 부르는 식물이 여기에 속합니다. 크게 두 가지 형태로 나눌 수 있습니다.

은엽종

사상체라고 하는, 수분과 양분을 흡수하는 하얀 인편을 두르고 있는 식물을 말합니다. 건조한 기후에도 비교적 강합니다.

녹엽종

사상체가 없어 잎이 녹색을 띠는 식물을 말합니다. 은엽종에 비해 강한 햇빛과 건조한 기후에 약합니다.

AIR BROMELIADS
【키우기 핵심 요점】

◎ 약한 빛
◎ 물을 충분히 주기
◎ 적당한 통풍
◎ 창가, 베란다, 정원 등에 두기
◎ 겨울에는 창가처럼 실내의 밝은 장소에 들이기

일조량 관리

틸란드시아는 나뭇잎 사이로 비치는 햇빛처럼 다소 약한 빛을 좋아합니다. 직사광선이 강하게 들지는 않지만 어두운 그늘이 아닌, 되도록 밝은 그늘을 찾아주세요.

알맞은 장소가 없을 때는 직접 만듭니다. 원예점에서 햇빛을 차단하기 위한 '차광 그물'을 판매합니다. 특히 여름처럼 강한 햇빛이 드는 때는 직사광선을 차단해주세요. 또 바람이 통하지 않는 상태에서 물을 주자마자 강한 여름 햇빛이 비치면 잎이 상하니 주의해주세요. 사상체를 두르고 있는

은엽종보다는 녹엽종의 잎이 더 상하기 쉬우므로 더욱 주의해야 합니다. 실내에서 키울 때는 창가에서 1~2m 떨어진 곳에 둡니다. 그 이상 떨어지면 틸란드시아가 자라기에는 너무 어둡습니다. 직사광선이 비치는 창가는 바닥 온도가 꽤 올라가기도 하므로 레이스 커튼 등으로 빛을 차단해 주는 것도 좋습니다.

물주기

식물 전체에 물을 뿌려줍니다.

틸란드시아는 주로 잎 표면에서 수분을 흡수합니다. 분무기나 샤워기로 전체를 적시듯이 물을 주세요. 봄에서 가을까지 성장기에는 물이 많이 필요하므로 주 2~3회, 또는 매일 물을 주어도 좋습니다. 이때 젖어 있는 시간이 길수록 물을 많이 빨아들이므로, 해가 지고 나서 물을 주고 다음 날 온도가 올라가는 시간대까지는 다 마르게 합니다. 비를 맞히는 것도 매우 좋습니다. 다만 틸란드시아는 이틀 이상 젖은 상태로 있는 것을 싫어하니, 오랫동안 비가 올 때는 처마 밑 같은 곳으로 옮깁니다.

또 습도가 높으면 체내에 수분을 유지하여 성장이 빨라집니다. 키우기에 가장 이상적인 상태는 정원에 있는 나무 밑에 매달아두는 것입니다. 나뭇잎 사이로 드는 햇빛과 적당한 바람, 지면에서 올라오는 알맞은 습도 등이 틸란드시아 자생지와 가장 비슷하기 때문입니다. 다만 겨울에는 실내로 들이는 것을 잊지 마세요. 실내에서 키울 때는 트리콜로르나 크세로그라피카처럼 잎에 물을 저장하는 일부 종은 물을 준 후 거꾸로 들어서 잎 사이에 고인 물을 빼주세요. 바람이 통하지 않거나 어두운 곳에서 물이 고이면 심이 빠져 잎이 따로따로 분리되어 죽어버리는 경우가 있기 때문입니다.

반대로 너무 말라버렸을 때는 '소킹(soaking)'이 효과적입니다. 그릇에 물을 넣고 식물을 그대로 담가 물을 빨아들이게 하는 방법입니다. 6시간을 기준으로, 최대 12시간 이하로 해주세요. 하룻밤 정도는 그대로 두어도 괜찮습니다. 그러나 텍토룸은 소킹을 하지 않는 것이 좋습니다. 물주기 대신 소킹에만 의존하는 것은 좋지 않습니다. 심하게 말랐을 때 응급처치 방법 정도로 알아두는 것이 좋습니다.

통풍 확보

실내에서 키워야 하는 경우에는 물을 준 후나 여름철 실내 온도가 높을 때 창문을 열거나 잠깐 밖에 두어 바람을 맞힙니다. 선풍기나 서큘레이터 등으로 공기를 순환시키는 것도 효과적입니다. 밀폐 용기에 넣는 것은 피해주세요.

겨울나기 · 여름나기

실내에서는 서큘레이터로 공기를 순환시킨다.

열이 많이 나지 않는 LED 전구가 좋다.

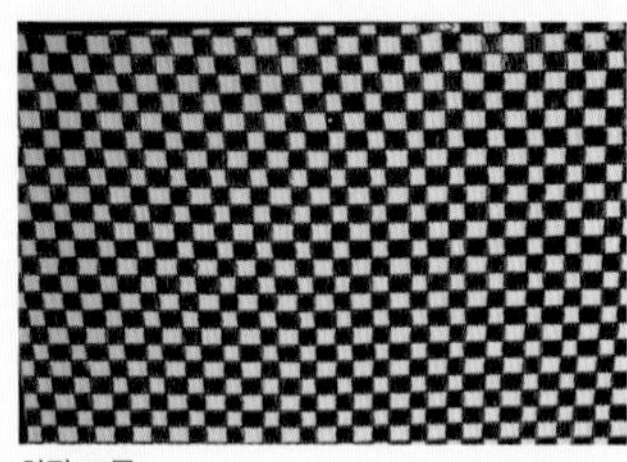
차광 그물

겨울나기

최저기온이 10도 아래로 내려가면 틸란드시아를 실내에 들이고, 햇빛이 비치는 창가에서 관리합니다. 최근에 지은 집들은 밀폐도가 높아서 한겨울에도 실내 기온이 15도 이상인 경우가 많습니다. 이러한 환경에서는 평소처럼 이틀에 한 번 정도 물을 주어도 괜찮습니다. 다만 너무 춥지 않은 낮에 물을 주고, 밤이 되기 전에는 다 마르도록 해줍니다. 물주기가 끝나면 창문을 열거나 해서 통풍을 시킵니다.

10도 아래로 떨어지면 일주일에 한두 번 분무기로 식물 전체에 물을 뿌립니다. 5도 아래까지 떨어지면 최대한 물을 주지 말고, 마른 정도를 살펴가며 열흘에 한 번 정도 분무기로 물을 뿌려 관리합니다. 기본적으로 물을 잘 주지 않으면 식물의 체액이 진해져 추위에 강해지고, 물을 자주 주면 옅어져 추위에 약해집니다. 기온이 낮아지면 그에 맞춰 물주기 양을 점점 줄여갑니다. 겨울에는 무리해서 성장시키려 하지 말고 쇠약해지지 않도록 하는 것이 중요합니다. 또 겨울에도 햇빛은 매우 중요하므로, 햇빛이 잘 드는 창가를 확보하지 못할 때는 식물용 형광등이나 LED 같은 보조광을 비춰주면 좋습니다.

여름나기

더운 나라에서 온 식물이니 여름은 별문제 없을 것이라고 생각하면 큰 착각입니다. 보통은 시원한 산속에서 자라기 때문에 30도를 넘는 더운 여름 날씨에 매우 약합니다. 먼저 통풍이 잘 되고 햇빛이 너무 세지 않은 장소를 찾습니다. 이런 장소가 없다면 원예점에서 파는 차광 그물 등으로 빛을 확실히 차단해 되도록 30도를 넘지 않도록 합니다.

최근에 나온 흰색, 은색 차광 그물은 열은 확실히 막아주되 밝기는 기존 그물보다 밝아서 더욱 효과적입니다. 차단해야 할 것은 밝기가 아니라 열이기 때문입니다. 고산지대에서 살아온 까닭에 열에 약한 틸란드시아는 매일 해가 지고 나서 물을 주는 방법으로 뜨거운 날이 지속되는 한여름의 열기를 이겨낼 수 있습니다.

연간 가꾸기 계획표

※물주기 빈도 및 차광 정도는 참고용입니다. 각각 재배 환경에 맞게 식물의 상태를 보면서 조절해주세요.

〈은엽종〉

	물주기	일조량
봄	물주기 : 주 2~3회	일조량 : 직사광선이 비치는 곳에서는 30% 정도 차광
여름	물주기 : 주 2~3회	일조량 : 직사광선이 비치는 곳에서는 40% 정도 차광
가을	물주기 : 주 2~3회	일조량 : 직사광선이 비치는 곳에서는 30% 정도 차광
겨울	물주기 : 주 1~2회	일조량 : 직사광선이 비치는 곳에서는 0~30% 정도 차광

〈녹엽종〉

	물주기	일조량
봄	물주기 : 주 3회~매일	일조량 : 직사광선이 비치는 곳에서는 40% 정도 차광
여름	물주기 : 주 3회~매일	일조량 : 직사광선이 비치는 곳에서는 50% 정도 차광
가을	물주기 : 주 3회~매일	일조량 : 직사광선이 비치는 곳에서는 40% 정도 차광
겨울	물주기 : 주 1~2회	일조량 : 직사광선이 비치는 곳에서는 0~30% 정도 차광

평소 관리법

비료 주기

비료 없이도 자라지만 비료를 주면 더욱 빠르게 자랍니다. 다만 너무 강한 비료는 오히려 싫어하니, 봄가을 성장기에 원예용 비료를 약 1,000~2,000배로 희석해 물을 줄 때 같이 줍니다. 비료의 양분은 주로 잎에서 흡수하므로 물을 줄 때처럼 물뿌리개나 분무기로 식물 전체를 적시듯 줍니다. 또 비료를 섞은 물을 준 다음에는 그냥 물을 주어 잎 표면에 남은 비료를 씻어내도록 합니다.

마른 잎 손질

마른 잎은 한두 장 정도일 때는 그냥 두어도 괜찮지만, 점점 늘어나면 물주기나 광합성을 방해합니다. 틸란드시아는 평소에 잎이 젖어 있는 것을 싫어하므로 특히 물을 자주 주는 경우에는 밑동까지 갈색이 된 잎은 떼어냅니다. 꼭 잡고 당기면 쉽게 떼어낼 수 있습니다. 잎끝만 마른 경우에는 그대로 둡니다. 보기에 안 좋다면 말라버린 잎 끝부분만 가위로 잘라냅니다.

해충 대책

걱정할 만큼 해충이 생기지는 않습니다. 매우 드물게 가루깍지벌레가 잎 사이에 숨어 있는 경우가 있는데, 발견하면 핀셋으로 떼어냅니다. 깊숙한 곳에 숨어 떼어내기 어려울 때는 침투성 살충제를 사용해 제거합니다. 실내에서는 길이 1mm 이하의 붉은색 벌레가 잎 위를 천천히 기어 다니는 경우가 있습니다. 이 벌레는 점박이응애입니다. 물로 씻어내고 꼼꼼히 물을 주면 사라집니다.

틸란드시아 증식

포기를 나눠서 증식

꽃을 피운 틸란드시아는 보통 1~5개의 새끼 그루를 만듭니다. 부모의 3분의 2 정도까지 자라면 독립할 수 있습니다. 너무 작을 때 떨어지면 영양 공급을 받지 못해 몹시 느리게 자라므로 주의합니다. 떼어내지 않고 그대로 두어 무리를 지어 자라게 하는 것도 재미있습니다. 부모는 새끼 그루가 또다시 새끼 그루를 만들 때까지 건재하면서 자식과 손자에게 영양분을 공급하지만, 서서히 쇠약해지며 결국엔 말라버리고 맙니다.

터진 씨앗 꼬투리

실생으로 증식

다른 개체에서 꽃가루를 받거나 자가수분한 틸란드시아는 씨앗을 맺으며, 이것을 따서 증식시킬 수 있습니다. 꽃이 다 핀 후에 생기는 씨앗 꼬투리가 터지면서 나온 폭신폭신한 솜털이 붙은 씨앗을 합판이나 그물, 모체 등에 문지릅니다. 여기에 물을 뿌리면 씨앗이 나무나 그물에 들러붙습니다.

너무 마르지 않도록 자주 물을 주면 1~2주 후에는 싹을 틔웁니다. 새끼 그루는 환경에 조금 민감하긴 하지만 극단적인 환경만 아니라면 부모와 마찬가지로 기본 관리법으로도 충분히 키울 수 있습니다. 씨앗부터 키운 묘목은 부모에게서 갈라져 나온 것과 달리 부모로부터 영양분을 받지 않기 때문에 매우 느리게 자랍니다. 부모와 같은 크기로 자라기까지 빨라도 4~5년, 늦으면 10년도 걸립니다. 실생을 하지 않는 경우에는 씨앗 꼬투리가 생기자마자 따주면 그만큼의 영양분이 새끼 그루에게 돌아가므로 더욱 빨리 자랍니다.

솜털을 하나하나 나뭇조각 혹은 모체에 문지른다.

틸란드시아 착생, 화분 심기

틸란드시아는 주로 잎에서 물과 영양분을 빨아들이지만 뿌리에서도 흡수합니다. 따라서 뿌리를 제대로 키워 착생시키거나 화분에 심으면 더 좋습니다. 각 식물의 성질에 맞춰 심어주면 훨씬 빠르게 자랍니다. 착생 및 화분 심기는 일 년 내내 가능하지만 그중에서도 4월~9월 사이가 가장 좋습니다.

착생 재료에 고정해 매달기. 주로 은엽종(물을 보통 정도로 좋아하는 종)

바람이 잘 통하는 것을 좋아하는 틸란드시아지만, 그대로 두거나 매달아 두는 것보다는 자생지에서 자라는 것과 마찬가지로 어딘가에 뿌리를 내리는 편이 훨씬 더 좋습니다. 가장 기본은 인테리어 바크나 헤고 판, 코르크 등에 부착하거나 질그릇 화분에 심는 것입니다. 대부분의 틸란드시아에는 이 방법을 사용합니다. 표면이 거칠어 뿌리를 내리기 쉬우며 식물에 해가 되지 않는 소재라면 어디라도 착생시킬 수 있습니다.

-착생재-

코르크 < 나뭇조각, 인테리어 바크, 죽은 선인장 < 헤고 판 순으로 물을 많이 머금습니다. 재배 환경 및 해당 종의 성질에 따라 소재를 시험해 봅니다. 인테리어 바크를 사용할 때는 일주일 정도 물에 적셔두거나 펄펄 끓여서 염분 등을 한 번 뺀 후에 사용합니다.

마른 뿌리를 이용하여 식물을 착생시키는 방법

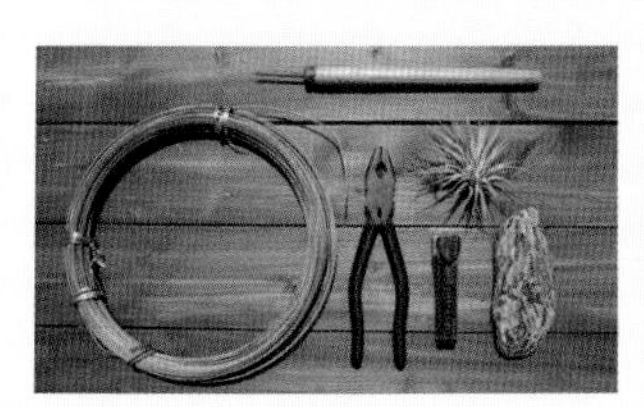

(도구) 철사, 송곳, 펜치, 스테이플러, 착생재(인테리어 바크)

(1) 착생재에 틸란드시아의 마른 뿌리를 통과시킬 구멍과 철사 고리를 매달 구멍을 뚫습니다.

(2) 철사를 넣어 사진처럼 구부려 고리를 만듭니다.

(3) 마른 뿌리를 구멍에 넣고 본체가 착생재에 붙도록 뒷면에서 당깁니다.

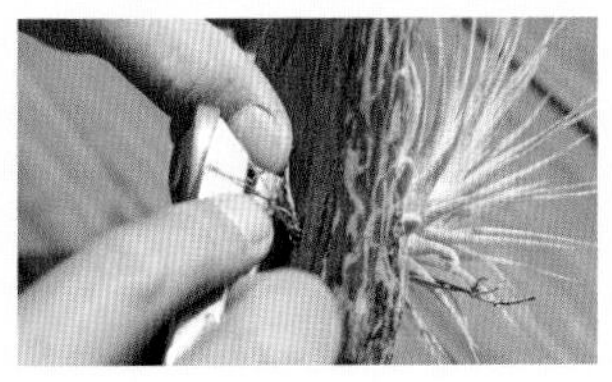

(4) 스테이플러를 펴서 뒷면에서 마른 뿌리를 3~4곳 정도 고정시킵니다.

(완성)

뿌리가 아직 나지 않은 식물 착생시키기

(도구) 철사, 송곳, 펜치, 착생재(코르크)

(1) 착생재에 틸란드시아를 고정하기 위해 가는 철사를 통과시킬 구멍 2개와, 철사 고리를 매달 구멍 하나를 뚫습니다.

(2) 철사를 넣어 사진처럼 구부려 고리를 만듭니다.

(3) 틸란드시아 밑동에 U 자로 구부린 가는 철사를 겁니다. 철사는 동이나 철로 만든 것을 피하고, 알루미늄처럼 식물에 해가 되지 않는 소재를 사용합니다.

(4) U 자로 구부린 철사를 착생재에 넣고 뒤에서 꼬아 식물을 고정합니다. 이때 뿌리가 잘 내릴 수 있게 밑동이 착생재에 붙도록 눌러줍니다.

(완성)

군생 매달기

공처럼 무리 지어 자라는 틸란드시아는 그대로 가는 철사를 걸어 매달아둘 수 있습니다.

나뭇조각에 부착하기

식물을 위에 얹기 좋은 위치를 찾아, 밑동을 가는 철사로 고정합니다.

죽은 선인장에 부착하기

죽은 선인장에는 구멍이 잔뜩 나 있기 때문에, 거기에 식물의 밑동을 끼워 넣어 움직이지 않도록 하면 착생시킬 수 있습니다.

화분에 심어 매달기

인테리어 바크 등에 착생시키기 어려운 형태의 식물은 토분에 꽂아두거나, 화분 안쪽에 직접 뿌리를 내리도록 합니다. 또 커다란 부석이나 바크 칩을 넣어 가볍게 눌러주어도 좋습니다. 이런 소재들의 크기를 바꾸어가며 물이 머무는 정도를 조절할 수 있습니다. 토분용 행거를 만들면 화분째 통풍이 잘 되는 곳에 매달아둘 수 있습니다.

토분 행거 만들기

행거를 만들면 화분째 통풍이 잘 되는 곳에 매달아둘 수 있습니다.

도구 식물 줄기를 지탱하는 데 쓰는 굵은 피막 철사, 펜치, 케이블 커터

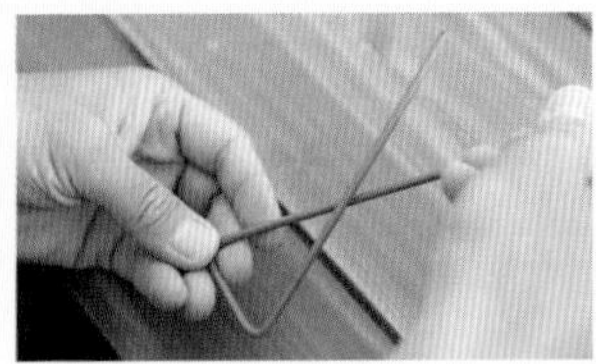

1 화분의 길이를 생각하며 철사를 구부려 삼각형으로 만듭니다. 삼각형의 높이는 화분 위쪽의 튀어나온 부분의 너비보다 1cm 정도 길게 합니다.

2 짧은 쪽을 사진처럼 한 번 감듯이 구부립니다.

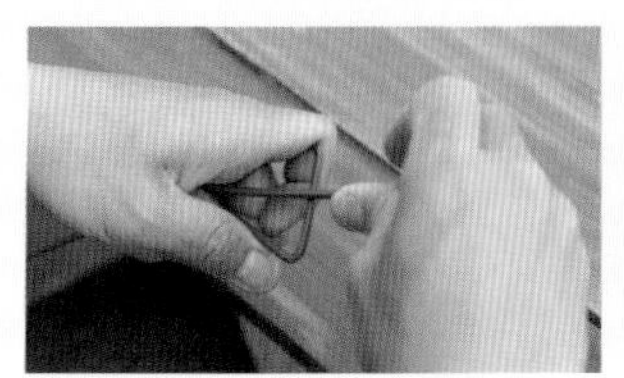

3 삼각형 가운데 부분으로 되돌아오게 합니다. 이렇게 하면 화분을 지탱하는 힘이 생깁니다.

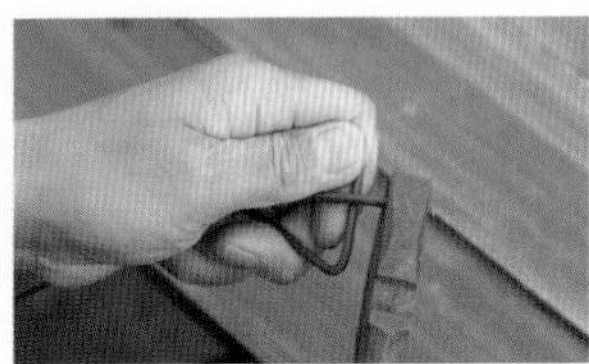

4 끝부분을 10도 정도 구부리면 화분을 지탱하는 힘이 더욱 커집니다.

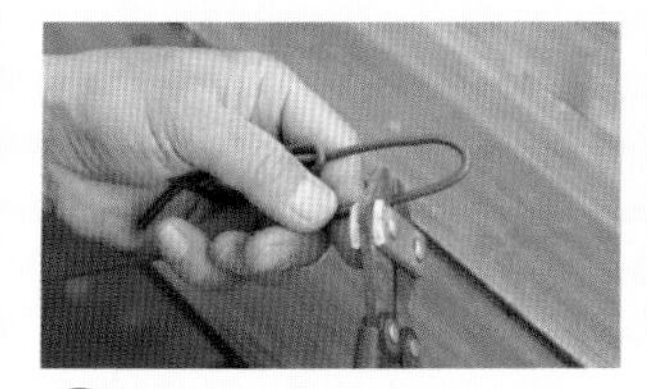

5 위쪽을 고리처럼 구부리고 남은 철사를 자르면 완성입니다.

완성

화분 가장자리에 끼워 사용합니다.

플라스틱 화분에 심기. 주로 녹엽종(물을 매우 좋아하는 종)

물을 좋아하는 식물은 자잘한 바크 칩이나 부석, 단단하게 심은 물이끼, 물 빠짐이 좋은 흙 등을 사용하여 잘 마르지 않는 플라스틱 화분에 심습니다. 키아네아처럼 물을 좋아하는 녹엽종은 뿌리에서 물을 흡수하는 비율이 높으며 평소 화분에서 올라오는 습도도 좋아합니다.

탱크 브로멜리아드 키우는 법

탱크 브로멜리아드는 나무나 바위 위에 붙어 자라며 일부는 지면에서 자랍니다. 잎 아랫부분에 물을 저장하는 탱크 구조로, 그곳에서 주로 물과 영양분을 흡수합니다. 틸란드시아와 비교하면 뿌리에서 수분과 영양분을 빨아들이는 의존도가 높아서 화분에 심으면 더 잘 자랍니다. 튼튼해서 키우기 쉬운 종이 많아 온도만 잘 맞춰주면 관엽식물처럼 관리해도 잘 자랍니다. 크게 두 가지 형태로 나눌 수 있습니다.

경엽종

주로 애크메아, 빌베르기아, 네오레겔리아, 호헨베르기아 등 잎이 단단한 탱크 브로멜리아드. 해가 잘 비치는 곳에서 서식하므로 강한 빛에도 잘 견딘다.

연엽종

브리에세아속 대부분과 틸란드시아 일부 등 잎이 부드러운 탱크 브로멜리아드. 햇빛이 약하고 습한 곳에서 서식하므로 강한 빛에는 약하다.

TANK BROMELIADS
【키우기 핵심 요점】

- ◎ 경엽종은 강한 빛
- ◎ 연엽종은 부드러운 빛
- ◎ 원통에 물을 저장함
- ◎ 창가, 베란다, 정원 등에 둠
- ◎ 겨울에는 창가처럼 실내의 밝은 장소에 들이기

일조량 관리

애크메아, 빌베르기아, 네오겔리아, 호헨베르기아 등의 경엽종은 강한 빛을 좋아합니다. 밝은 그늘부터 직사광선에 가까운 빛까지 모두 괜찮습니다. 한여름에 너무 강한 직사광선이 비칠 때만 30% 정도 빛을 차단해 주면 대개 잎이 마르는 일 없이 잘 자랍니다. 오히려 햇빛을 제대로 보지 않으면 느슨해져서 아름다운 모습과 색을 잃어버립니다. 잎 상태를 관찰하며 알맞은 차광률을 찾아내도록 합니다.

브리에세아와 같은 연엽종은 경엽종에 비해 강한 빛에 약하므로 틸란드시아 녹엽종과 비슷한 정도로 봄부터 가을까지는 40~50% 빛을 차단하고, 밝은 그늘이나 햇빛이 살짝 비치는 곳에서 키웁니다. 실내에서 키울 때는 창가에서 1~2m 정도 떨어진, 되도록 밝은 곳에 둡니다.

물주기

탱크 브로멜리아드는 원통 내부와 뿌리에서 물과 영양분을 흡수합니다. 물을 줄 때는 반드시 식물의 정중앙 윗부분에서 물을 주어, 평소에도 원통 안에 물이 고여 있게 합니다. 다만 뿌리에서도 물과 영양분을 얻으므로 뿌리 부분에도 확실하게 물을 줍니다. 경엽종과 연엽종 모두 흙의 표면이 마르면 물을 줍니다. 봄에서 가을까지 성장기에는 이틀에 한 번 혹은 매일 물을 주어도 좋습니다. 반대로 보름 정도 물주기를 잊더라도 건조함에 잘 견디는 종이 많으므로 너무 크게 신경 쓰지 않아도 괜찮습니다.

겨울나기 · 여름나기

겨울나기

겨울나기는 틸란드시아와 거의 같습니다. 최저기온이 10도 아래로 내려가면 성장이 느려집니다. 온실에서 온도를 올릴 수 있다면 가장 좋지만, 일반 가정에서는 대개 어려우므로 실내에 들여 햇빛이 비치는 창가에 두고 관리합니다. 최근의 집들은 밀폐도가 높아서 한겨울에도 실내 기온은 15도 이상인 경우가 많습니다. 이러한 환경에서는 평소처럼 이틀에 한 번 정도 물을 주어도 괜찮습니다. 물을 준 후에는 창문을 열거나 서큘레이터로 통풍을 시키면 좋지만, 틸란드시아만큼 신경을 쓰진 않아도 괜찮습니다.

10도 아래로 떨어지면 일주일에 한 번 정도 분무기로 식물 전체에 물을 뿌립니다. 5도 아래까지 떨어지면 탱크의 물을 뺀 후 되도록 물을 주지 않고 마른 정도를 살펴가며 보름에 한 번 정도 분무기로 물을 뿌려 관리합니다. 기본적으로 물을 잘 주지 않으면 식물의 체액이 진해져 추위에 강해지고, 물을 자주 주면 옅어져 추위에 약해집니다. 기온이 낮아지면 그에 맞춰 물주기 양을 점점 줄여갑니다. 겨울에는 무리해서 성장시키려 하지 말고 쇠약해지지 않도록 하는 것이 중요합니다. 또 겨울에도 햇빛은 매우 중요하므로, 햇빛이 잘 드는 창가를 확보하지 못할 때는 식물용 형광등이나 LED 같은 보조광을 비춰주면 좋습니다.

여름나기

탱크 브로멜리아드는 일부를 제외하면 더위에 강하지만, 한여름의 강한 햇볕을 직접 쬐면 아무래도 잎이 타들어갑니다. 차광 그물을 사용해 경엽종은 20~30%, 연엽종은 틸란드시아와 마찬가지로 50% 정도로 빛을 차단합니다.

연간 가꾸기 계획표

※물주기 빈도 및 차광 정도는 참고용입니다. 각각 재배 환경에 맞게 식물의 상태를 보면서 조절해주세요.

〈경엽종〉

	물주기	일조량
봄	물주기 : 주 2~3회	일조량 : 무차광
여름	물주기 : 주 2~3회	일조량 : 직사광선이 비치는 곳에서는 20~30% 정도 차광
가을	물주기 : 주 2~3회	일조량 : 무차광
겨울	물주기 : 주 1회	일조량 : 무차광

〈연엽종〉

	물주기	일조량
봄	물주기 : 주 2~3회	일조량 : 직사광선이 비치는 곳에서는 40% 정도 차광
여름	물주기 : 주 2~3회	일조량 : 직사광선이 비치는 곳에서는 50% 정도 차광
가을	물주기 : 주 2~3회	일조량 : 직사광선이 비치는 곳에서는 40% 정도 차광
겨울	물주기 : 주 1~2회	일조량 : 직사광선이 비치는 곳에서는 0~30% 정도 차광

평소 관리법

비료는 밑동에서 약간 떨어진 곳에 준다.

비료 주기

밑동에 화성 비료를 한두 개 정도 주면 빨리 자라지만, 오밀조밀 다부지게 키우고 싶을 때는 특별히 줄 필요는 없습니다.

마른 잎 손질

크게 신경 쓰지 않아도 괜찮지만 잎이 완전히 포개어지는 종은 광합성을 방해하므로 떼어내는 편이 좋습니다. 손으로 잡아 흔들어 빠질 정도면 떼어내도 괜찮습니다.

해충 대책

대개는 걱정할 만큼 해충이 생기지는 않지만 매우 드물게 가루깍지벌레가 잎 표면에 붙어 있는 경우가 있습니다. 발견하면 솔로 털어냅니다. 또 고형 살충제를 흙 위에 눈곱만큼 두면 사라집니다.

탱크 브로멜리아드 증식

포기를 나눠서 증식

탱크 브로멜리아드는 꽃이 피면 새끼 그루를 만듭니다. 그중에는 어느 정도 성장하면 꽃을 피우지 않고도 새끼 그루를 만드는 것도 있습니다. 새끼 그루는 부모의 3분의 2 정도까지 자라면 독립할 수 있습니다. 새끼 그루 밑동에 뿌리가 날 것처럼 돌기가 나오면 떼어냅니다. 땅에서 퍼지는 줄기로 증식하는 종은 새끼 그루 밑동에서 3~5cm 정도 뿌리를 남기고 잘라냅니다. 부모의 옆구리에서 새끼 그루가 나온 것은 떼어내어 다른 화분에 심습니다. 추울 때는 뿌리가 움직이지 않으므로 3월~9월 사이에 떼어냅니다. 구체적인 방법은 다음 쪽의 '탱크 브로멜리아드 심기'를 참조합니다.

실생으로 증식

탱크 브로멜리아드도 씨앗부터 키울 수 있습니다. 애크메아나 네오레겔리아처럼 열매를 맺는 것은 물로 깨끗하게 과육을 문질러 씻어 떼어낸 후에 씨앗을 꺼냅니다. 조금이라도 과육이 남아 있으면 발아를 억제하는 성분 때문에 싹을 틔우기가 어렵습니다. 씨앗은 물이끼나 버미큘라이트 위에 두고 항상 젖어 있는 상태를 유지하도록 물을 주면 1~2주 안에 싹을 틔웁니다. 탱크 브로멜리아드의 실생은 틸란드시아와는 달리 1년 만에 꽤 크게 자랍니다. 브리에세아처럼 틸란드시아같이 솜털이 붙어 있는 씨앗은 106쪽의 '틸란드시아의 실생'을 참조합니다.

탱크 브로멜리아드 심기

착생종인 탱크 브로멜리아드 역시 흙에 심어서 키우면 더 잘 자랍니다. 물이끼나 분갈이 흙 등, 물 빠짐이 좋으면서 수분을 잘 유지하는 식재라면 특별히 가리지는 않습니다. 분갈이 시기는 3월에서 9월 사이, 그중에서도 4월~6월이 가장 좋습니다.

물이끼(수태)에 심어도 좋다.

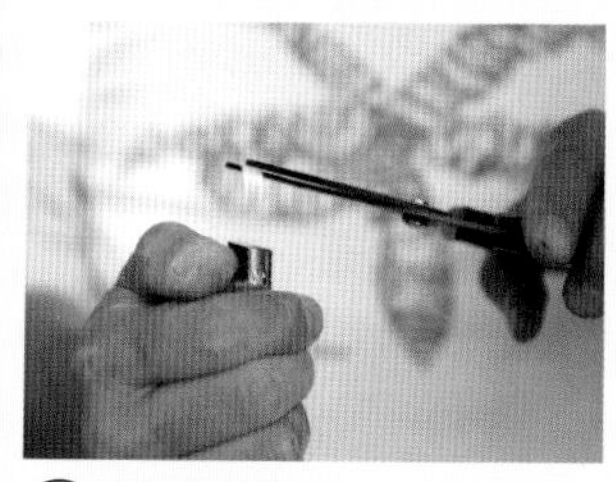

(도구) 가위로 식물을 자를 때는 가위를 라이터 등으로 그을려 살균을 확실히 합니다.

(1) 화분에서 빼내어 부모와 새끼 그루를 연결하는 부분을 가위로 자릅니다.

밑동에 흔히 '표피'라고 하는 마른 잎이 있을 때는 이것을 벗겨냅니다. 이렇게 하면 더욱 발아가 잘 됩니다.

(2) 식물이 화분 가운데에 오도록 배치하고 흙을 채웁니다.

(3) 화분을 들고 가볍게 바닥에 쳐서 흙을 고르게 정리하면 끝입니다. 밑동이 흔들리는 경우에는 지주 등으로 고정합니다.

(완성)

식물을 맵시 있고 다부진 모습으로 키우기

잎이 타들어가지 않을 만큼의 빛과 바람을 찾는다

탱크 브로멜리아드 중에서도 경엽종의 대부분은 강한 햇빛과 바람을 제대로 맞지 않으면 힘없이 쳐진 채로 자라서, 원래의 오밀조밀하고 다부진 아름다운 맵시와 모양이 나오지 않습니다. 아슬아슬하게 잎이 타들어가지 않을 만큼의 직사광선을 쬐면서 키우면 매력 있는 모습으로 성장하게 됩니다.

다만 강한 빛을 잘 견디는 경엽종이라도 한여름의 너무 강한 직사광선에는 잎이 타들어가기도 하므로 약간은 차광을 합니다. 잎이 타들어가거나 다부지게 자라는 것은 불과 종이 한 장 차이입니다. 두는 곳을 여러 번 바꾸어보거나 물주기 횟수를 바꿔가며 자신의 재배 환경에 맞는 이상적인 '단련법'을 찾기 위해 시행착오를 거듭해보세요. 개중에는 단순히 강한 빛을 쬐는 것이 능사가 아닌 종들도 있습니다. 그런 식물에게 가장 알맞은 빛의 양을 찾아내는 것도 재배에서 느낄 수 있는 즐거움 중 하나입니다.

물 빠짐이 좋은 흙을 사용한다

물 빠짐이 좋은 흙을 사용하면 더욱 다부진 모습으로 키울 수 있습니다. 추천하고 싶은 가장 간단한 방법은 중간 정도 크기의 바크 칩과 부석, 적옥토를 각각 1:1:1로 배합하는 것입니다. 다만 물이 잘 빠지는 만큼 부지런히 식물을 관찰하며 물을 주지 않으면 금방 말라버리므로 주의합니다.

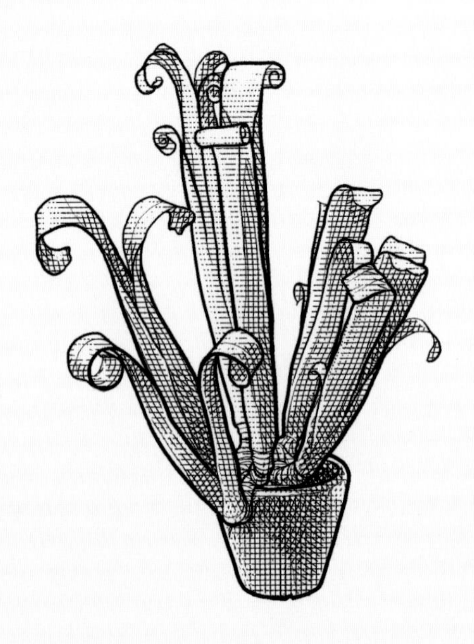

그라운드 브로멜리아드 키우는 법

그라운드 브로멜리아드는 보통 식물처럼 지면에 뿌리를 내리고 뿌리에서 수분을 흡수하는 브로멜리아드입니다. 강한 햇빛이 들고 돌이 굴러다니는 건조한 곳에서 서식하는 종과, 그다지 강한 빛이 비치지 않는 삼림에서 서식하는 종으로 나눌 수 있습니다.

건조지종

디키아, 헤크티아, 엥콜리리움, 데우테로코니아, 푸야 등. 건조한 땅에서 자라 강한 햇빛에 잘 견디며 대부분 잎이 두꺼운 다육식물과 비슷한 성질을 갖고 있습니다.

삼림종

크리프탄투스, 오르토피툼, 핏카이르니아 등. 숲속 나무 밑 지면에서 서식하며 강한 햇빛에 약합니다. 이들은 관엽식물과 비슷한 성질을 지닙니다.

GROUND BROMELIADS
【키우기 핵심 요점】

- ◎ 건조지종은 강한 빛
- ◎ 삼림종은 부드러운 빛
- ◎ 화분 밑에 물이 고일 정도로 듬뿍 물주기
- ◎ 창가, 베란다, 정원 등에 둠
- ◎ 겨울에는 창가처럼 실내의 밝은 장소에 들이기

일조량 관리

건조지종은 브로멜리아드 중에서 가장 햇빛을 좋아하므로 여름 이외에는 직사광선을 쬐며 키웁니다. 한여름의 직사광선은 너무 강하니, 잎이 타들어가지 않도록 20~30% 정도 차광합니다. 그 외 대부분은 다육식물과 같은 방법으로 키우면 됩니다. 꼭 실내에서 키워야 할 때는 창가에서 1~2m 떨어진 곳에 둡니다.

삼림종은 강한 직사광선을 쬐면 잎이 타들어가므로 밝은 그늘에서 키웁

니다. 직사광선이 드는 곳은 30~40% 정도 차광합니다.
특히 여름에 강한 햇볕이 내리쬘 때는 50% 정도 차광합니다. 다만 그중에는 크리프탄투스, 와라시, 오르토피툼, 레메이처럼 삼림종에 속하지만 건조지에 맞게 진화한 특별한 종도 있으므로, 이러한 종은 건조지종과 같은 방법으로 키웁니다. 마찬가지로 꼭 실내에서 키워야 할 경우는 창가에서 1~2m 떨어진 곳에 둡니다.

물주기

겨울 외에는 흙 표면이 마르면 물이 화분 밑으로 빠져나갈 만큼 듬뿍 물을 줍니다. 건조지종은 일주일에 한두 번, 삼림종은 일주일에 두세 번이 기준입니다.

겨울나기 · 여름나기

겨울나기

건조지종은 추위에 강한 편이지만 기온이 5도 아래로 내려가면 햇빛이 잘 드는 실내에 들여 창가에 두는 것이 무난합니다. 물을 주는 횟수를 줄여 한 달에 한두 번 정도 주면 됩니다. 특히 추워질 때는 아예 물을 주지 않으면 대부분은 0도 정도까지도 버팁니다.

겨울에도 햇빛은 매우 중요합니다. 햇빛이 잘 드는 창가를 확보하지 못할 때는 식물용 형광등이나 LED 같은 보조광을 비춰주면 좋습니다. 삼림종은 건조지종보다 5도 정도 높아야 한다고 생각하면 됩니다.

여름나기

건조지종은 일부 종을 제외하면 여름나기가 특별히 어렵지 않습니다. 한여름에만 20~30% 정도 차광하고 봄부터 가을까지 같은 방법으로 관리해도 됩니다. 삼림종은 여름에 강한 햇볕을 쬐면 잎이 타들어갑니다. 한여름에는 50% 정도 차광합니다.

연간 가꾸기 계획표

※물주기 빈도 및 차광 정도는 참고용입니다. 각각 재배 환경에 맞게 식물의 상태를 보면서 조절해주세요.

〈건조지종〉

계절	물주기	일조량
봄	물주기: 주 1~2회	일조량: 무차광
여름	물주기: 주 1~2회	일조량: 직사광선이 비치는 곳에서는 20~30% 정도 차광
가을	물주기: 주 1~2회	일조량: 무차광
겨울	물주기: 월 1회	일조량: 무차광

〈삼림종〉

계절	물주기	일조량
봄	물주기: 주 2~3회	일조량: 직사광선이 비치는 곳에서는 40% 정도 차광
여름	물주기: 주 2~3회	일조량: 직사광선이 비치는 곳에서는 50% 정도 차광
가을	물주기: 주 2~3회	일조량: 직사광선이 비치는 곳에서는 40% 정도 차광
겨울	물주기: 월 2회	일조량: 직사광선이 비치는 곳에서는 0~30% 정도 차광

평소 관리법

마른 잎 손질

손으로 뗄 수 있는 마른 잎은 떼어냅니다. 뗄 수 없는 것은 가위로 자르거나 분갈이할 때 펜치 등으로 뽑아냅니다.

비료 주기

분갈이할 때 화분 밑에 완효성 비료를 넣거나 밑동에 화성 비료를 한두 알 두면 빠르게 자랍니다. 오밀조밀 다부지게 키우고 싶다면 특별히 줄 필요는 없습니다.

해충 대책

대개는 걱정할 만큼 해충이 생기지는 않지만, 매우 드물게 가루깍지벌레가 잎 표면에 붙어 있는 경우가 있습니다. 발견하면 솔로 털어냅니다. 선인장깍지벌레 등이 뿌리에 붙는 일도 있지만 고형 살충제를 흙 위에 눈곱만큼 두면 사라집니다.

그라운드 브로멜리아드 증식

포기를 나눠서 증식

흙에 뿌리를 단단히 내린 그라운드 브로멜리아드는 주로 분갈이할 때 새끼 그루를 독립시킵니다. 구체적인 방법은 다음 쪽의 '그라운드 브로멜리아드 심기'를 참조합니다.

실생으로 증식

물이끼나 버미큘라이트 위에 씨앗을 두고 항상 젖은 상태로 둡니다. 마르지 않도록 자주 물을 주면 1~2주 안에 싹을 틔웁니다. 그라운드 브로멜리아드의 실생은 틸란드시아와는 달리 1년 만에 꽤 크게 자랍니다.

그라운드 브로멜리아드 심기

건조지종은 다육식물용토와 입자가 작은 적옥토를 1:1로 배합한 흙에서, 삼림종은 관엽식물용토와 입자가 작은 적옥토를 1:1로 배합한 흙에서 잘 자랍니다. 삼림종은 어느 정도 수분을 유지하는 흙을 좋아하므로 물이끼에 심어도 좋습니다. 분갈이 시기는 3월에서 9월 사이, 그중에서도 4월~6월이 가장 좋습니다.

건조지종용토

① 화분에서 꺼내 뿌리를 풀면서 흙을 털어냅니다.

② 새끼 그루 밑동을 쥐고 부모로부터 빼내듯 떼어냅니다.

③ 밑동에 붙어 있는 '표피'라고 부르는 마른 잎은 벗겨냅니다. 이렇게 하면 더욱 발아가 잘 됩니다.

④ 화분 밑에 돌을 넣고 그 위에 흙을 넣은 다음 식물을 심습니다.

심은 후에 나무젓가락으로 몇 번 정도 흙을 찔러주면 뿌리 사이에 흙이 파고들어 갑니다. 화분 크기는 약간 큰 것으로 선택해 수분을 잘 유지합니다.

>>

(완성) 화분 하나에서 셋으로!

BROMELIADS FAQ

브로멜리아드 FAQ 자주 하는 질문과 해결법

Q 틸란드시아를 살 때 더 좋은 것을 고르는 요령이 있나요?

A 잎이 둥글게 말려 있거나 들었을 때 가벼운 것은 마르기 쉬우므로 피하는 편이 좋습니다. 묵직하고 무거운 것을 고르세요. 뿌리가 난 것도 상태가 좋다는 증거입니다. 또 밑동을 가볍게 눌렀을 때 푹푹 들어가는 부드러운 것은 피합니다. 심이 썩었을 가능성이 있습니다.

Q 겉잎이 점점 말라버립니다. 왜 그런가요?

A 건강한 식물도 겉잎의 잎끝부터 조금씩 말라갑니다. 틸란드시아의 경우에는 오랫동안 물이 부족하면 겉잎이 말라들게 됩니다. 탱크 브로멜리아드나 그라운드 브로멜리아드라면 더위나 추위를 타거나, 물이 부족하거나 혹은 너무 물을 많이 주는 등 환경이 맞지 않을 가능성이 있습니다.

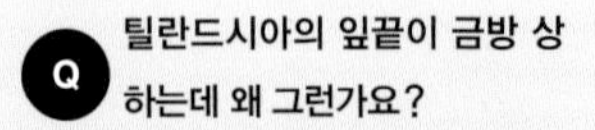

Q 틸란드시아의 잎끝이 금방 상하는데 왜 그런가요?

A 주 원인은 습도 부족입니다. 틸란드시아는 습도 80% 정도를 좋아합니다. 다른 화분에 심은 식물이나 물이끼를 곁에 두거나, 물을 담은 접시 위에 망을 깔고 올려두면 괜찮아집니다. 가습기도 좋습니다. 마른 부분만 가위로 잘라줘도 괜찮습니다.

틸란드시아의 뿌리가 길게 자랐는데 잘라도 되나요?

Q 뿌리가 나는 것은 상태가 좋다는 증거입니다. 착생시키면 튼

A 튼하게 자라므로 바크나 코르크 등에 착생시킵니다.

Q 틸란드시아의 잎끝이 붉게 물드는 것은 왜 그런가요?

A 이오난타나 브라키카울로스 등이 붉게 변하는 것은 대부분 꽃이 핀다는 징조입니다. 또 강한 햇볕을 쬐면 붉게 변하는 종도 있습니다.

Q 틸란드시아가 갑자기 다 풀어져버렸습니다. 왜 그런가요?

A 바람이 불지 않는 그늘에서 물을 주면 심이 빠져 잎이 다 풀어집니다. 심이 빠지면 안타깝지만 되돌릴 수 있는 방법이 없습니다. 틸란드시아를 키우면서 가장 많이 실패하는 상황입니다. 대부분 실내에서 키우는 일이 많으므로 키우는 법을 참조하여 적절한 바람, 부드러운 빛, 충분한 물을 제대로 확보하도록 합니다.

틸란드시아의 꽃을 빨리 피우기 위해서는 어떻게 하면 되나요?

A 꽃을 빨리 피우고 싶을 때는 조금씩 밝은 장소로 옮깁니다. 반대로 꽃을 피우지 않고 더욱 크게 키우고 싶을 때는 조금씩 어두운 곳으로 옮깁니다.

Q **탱크 브로멜리아드의 잎이 쪼그라들듯 말리는 이유는 무엇인가요?**

A 분갈이 직후 뿌리가 아직 제대로 나지 않았을 때 자주 일어나는 일입니다. 뿌리에서 확실히 물을 빨아들이지 못하는 상태이니, 물을 조금 많이 주어 잎 사이 워터탱크에 물을 저장하도록 해주세요. 물을 좋아하는 식물에게 물이 부족할 때 일어나는 현상이기도 합니다.

Q **타들어버린 잎이나 웃자란 잎을 되돌릴 방법이 있나요?**

A 안타깝지만 방법이 없습니다. 햇빛이 너무 강하면 잎이 타들어가고, 반대로 너무 약하면 웃자라므로 밝기가 알맞은 곳으로 옮깁니다. 그러면 가운데에서 점차 새로운 잎이 다시 나옵니다. 오래된 잎은 점점 바깥쪽으로 밀려나 결국 말라버립니다. 잎이 마르면 떼어내 주세요. 시간은 들겠지만 이렇게 새로운 잎이 돋게 하는 방법으로 아름다운 모습을 되찾을 수 있습니다.

Q **화분에 심은 브로멜리아드는 정기적으로 분갈이를 해주는 것이 좋나요?**

A 계속 같은 흙에 심어두면 좋지 않습니다. 작은 화분은 일 년에 한 번, 큰 화분은 2~3년에 한 번 분갈이를 해주세요.

Q **원래 그 종이 가진 모양이나 색이 좀처럼 나오지 않습니다. 어떻게 하면 좋을까요?**

A 기본적으로는 되도록 밝은 빛을 쬐면 원래 가진 색이나 모양이 나옵니다. 그러나 모든 종이 다 그렇지는 않다는 점이 어렵기도 하면서 재미있는 부분입니다. 겨울처럼 기온차가 심할 때 오히려 색이 더 아름답게 나오는 종도 있습니다.

브로멜리아드의 거장들

BROMELIADS LEGENDS

MULFORD B. FOSTER (1888~1978)

멀퍼드 포스터

사진가, 화가, 조각가, 자연과학자 등 다채로운 얼굴을 가진 '브로멜리아드계의 아버지'라고 불리는 존재. 200종 이상의 신종을 발견했으며 국제브로멜리아드협회 초대 회장을 맡았다. 라키나이아속이라는 명칭은 그의 아내인 라시나의 이름에서 따온 것이다.

LYMAN B. SMITH (1904~1997)

라이먼 스미스

브로멜리아드계 최고 권위를 가진 스미소니언 연구소의 분류학자. 압도적으로 많은 수의 신종 브로멜리아드를 기재했다. 22세에 브로멜리아드 연구를 시작해 1997년 세상을 떠날 때까지 권 이상의 저서를 집필했다. 특히 《Flora Neotropica》는 브로멜리아드계의 바이블로 일컬어진다.

DON BEADLE (1930~)

돈 비들

'미스터 빌베르기아'라고 불리는 플로리다의 육종가. 이전까지 그다지 주목받지 못했던 빌베르기아를 스타덤에 올려놓은 그는 아름다운 교배종을 차례차례 만들어냈다. 방대한 양의 교배종 데이터를 집대성한 《Bromeliad Cultivar Registry》도 원예가에게는 빠트릴 수 없는 자료이다.

HARRY LUTHER (1952~2012)

해리 루서

신종의 동정(생물의 분류학상 소속이나 명칭을 바르게 정하는 일 – 역자 주)을 실시하는 마리 셀비 식물원의 브로멜리아드동정센터 전 소장. 스미스 박사의 일을 이어받아 신종을 다수 기재했다. 브로멜리아드의 정식 학명을 기재한 《An Alphabetical List of Bromeliad Binomials》는 연구자와 수집가의 바이블이다. 2012년 60세의 나이에 갑자기 세상을 떠나 브로멜리아드계에 큰 충격과 슬픔을 안겼다.

브로멜리아드의 역사에 빛나는 성과를 남긴 거장들 가운데
내가 브로멜리아드를 가꾸는 데 특히 영향을 많이 받은 8명을 소개한다.

ELTON LEME (1960~)
엘턴 레미

변호사 자격증을 가지고 있으며 판사로도 재직 중인 브라질 연구가. 수많은 신종을 기재한 그는 현재 브로멜리아드계에서 가장 주목받는 연구자 가운데 한 명이다.

WERNER RAUH (1913~2000)
베르너 라우

독일 하이델베르크 대학교 교수로 남아메리카의 브로멜리아드와 마다가스카르의 다육식물 전문가였다. 특히 방대한 수의 틸란드시아 신종을 기재했다.

EIZI MATUDA (1894~1978)
마쓰다 에이지

일본과 대만에서 식물학을 배우고 멕시코 치아파스주로 건너가 농장을 경영하며 멕시코의 식물 연구에 몰두했다. 다수의 신종을 발견해 기재했다. 브로멜리아드계에서는 틸란드시아 마쓰다에, 틸란드시아 에이지 등을 발견한 것으로 알려져 있다. 일본인 브로멜리아드 연구의 선구자다.

HIROYUKI TAKIZAWA (1964~)
다키자와 히로유키

브라질, 멕시코, 에콰도르, 베네수엘라 등 각지의 자생지 조사를 실시하는 일본브로멜리아드협회 회장이자 의사, 의학박사. 아시아인으로서는 처음으로 국제브로멜리아드협회 이사를 맡았다. 마르셀로이, 다키자와에를 발견하고 불보사, 플렉수오사, 프세우도바일레이의 흰색 꽃 3종을 기재하는 등 일본 브로멜리아드 연구를 이끌고 있다.

BOOKS GUIDE

브로멜리아드 관련 서적

브로멜리아드를 더욱 깊게 알기 위해 읽어두면 좋은 도서들

Blooming Bromeliads

Baensch

열대어 모이 및 사육기구 제조기업으로 유명한 테트라베르케의 창업자인 벤치 부부가 브로멜리아속 전체를 꽃이 핀 사진을 곁들여 소개한 해설서. 그들이 수집한 방대한 자료뿐 아니라 브로멜리아의 역사와 재배법 등을 알기 쉽게 영어로 소개한다. 절판.

FLORA NEOTROPICA

L. B. Smith,Downs. R. J.

열대식물 분류에 대해 쓴 책 시리즈. 14번째 책에서 브로멜리아과를 다룬다. '파트 1'이 핏카이르니아아과, '파트 2'가 틸란드시아아과, '파트 3'이 브로멜리아아과로 구성되어 있다. 현재 뉴욕 식물원에서 구입 가능.

BROMELIADS **for Home, Garden and Greenhouse**

Werner Rauh

좀처럼 보기 힘든 희소종까지 폭넓게 실려 있는 책. 560쪽에 달하는 방대한 내용이며, 각 종별 재배법을 세세한 부분까지 간결하게 해설한다. 1991년판은 《Bromeliad Lexicon》이라는 제목이지만 내용은 같다. 절판.

BROMELIADS **in the Brazilian wilderness**

Elton M. C. Leme, Luiz Claudio Marigo

브로멜리아드의 보고인 브라질의 다양한 자생지 모습을 알 수 있는 사진집. 종별이 아니라 지역 및 환경별로 나누어 설명한다. 자생지 사진에는 가장 키우기 적합한 방법을 모색할 수 있는 다양한 힌트가 숨어 있다. 레미 본인이 발견하고 기재한 식물 정보도 다수 실려 있다. 절판.

Tillandsia II

Paul T.Isley III

수많은 아름다운 틸란드시아의 꽃 핀 사진과 자세한 해설을 수록한 도감. 1987년에 발행된 틸란드시아 서적의 결정판인 《Tillandsia》를 약 20년 만인 2010년에 증보, 개정했다. 틸란드시아를 좋아한다면 꼭 손에 넣어야 할 책.

New Tillandsia Handbook

시미즈 히데오, 다키자와 히로유키

일본 최초의 틸란드시아 전문서. 일본에서는 한정된 종 이외에는 볼 수 없던 시대에 압도적으로 많은 종의 사진을 소개하며 애호가들에게 많은 영향을 준 전설적인 책 《Tillandsia Handbook》의 개정판이다. 아쉽지만 현재는 초판과 개정판 모두 절판되었다.

SPOTS GUIDE

일본에서 브로멜리아드를 만날 수 있는 곳

식물원에서 브로멜리아드를 즐기자

아타가와 바나나와니엔

시즈오카현 가모군 히가시이즈초 나라모토 1253-10
(静岡県 賀茂郡 東伊豆町 奈良本 1253-10) TEL 0557-23-1105

일본 브로멜리아과를 모아놓은 식물원

약 9,000종의 열대식물을 재배하는 일본 굴지의 열대 식물원. 브로멜리아드 전용 온실인 본원 4호 온실과 분원 1호 온실에 있는 틸란드시아 코너를 중심으로, 약 800종에 달하는 일본에서 가장 많은 브로멜리아드를 볼 수 있는 곳. 그도 그럴 것이, 바나나와니엔의 열대식물 담당자는 그 유명한 《틸란드시아 핸드북》의 저자인 시미즈 히데오 씨다. 일본브로멜리아드협회(www.bromeliads.jp)의 사무국이기도 한 이곳은 일본 브로멜리아드 연구의 최전선이라 할 수 있다.

갖고 싶은 브로멜리아드를 구할 수 있는 곳

SPECIES NURSERY / スピーシーズ ナーサリー

이 책의 저자인 후지카와 후미오가 운영하는 농원. 틸란드시아를 비롯한 브로멜리아드, 다육식물, 희소 식물을 취급한다. 판매는 주로 웹사이트나 전화 주문으로 이루어진다. 이벤트 형식으로 만날 수 있는 '히로카와 상점'도 인기.

영업시간 10:00-19:00 ☎ 090-7728-5979 speciesnursery.com

TILLANDSIA GARDEN / ティランジア ガーデン

일본 최초로 틸란드시아를 중심으로 한 브로멜리아드 선문점. 진귀한 희소종을 만날 수 있을 뿐 아니라 보급종 가운데서도 독특한 특징을 지닌 것들을 엄선해 판매한다.

도쿄도 다이토구 아사쿠사바시 4-7-5(東京都 台東区 浅草橋 4-7-5)
영업시간 12:00-19:30 부정기휴무 ✉tillandsia_garden@yahoo.co.jp

기타 브로멜리아드 취급점

오자키 플라워 파크

도쿄도 네리마구 샤쿠지이다이 4-6-32
(東京都 練馬区 石神井台 4-6-32)
영업시간 9:00-20:00 (동절기 19:00) 새해 휴무
☎ 03-3929-0544
www.ozaki-flowerpark.co.jp

사카타의 씨앗가든센터 요코하마

가나가와현 요코하마시 가나가와구 기리하타 2(神奈川県 横浜市 神奈川区 桐畑 2)
영업시간 10:00-18:30 연중무휴
☎ 045-321-3744
www.sakataseed.co.jp

프로트리프 가든 아일랜드 다마가와점

도쿄도 세타가야구 세타 2-32-14 다마가와 다카시마야 SC 가든 아일랜드 1F, 2F(東京都 世田谷区 瀬田 2-32-14 玉川高島屋SC ガーデンアイランド 1F, 2F) 영업시간 10:00-20:00
연중무휴 ☎ 03-5716-8787
www.protoleaf.com/home/gardenisland

Index

찾아보기

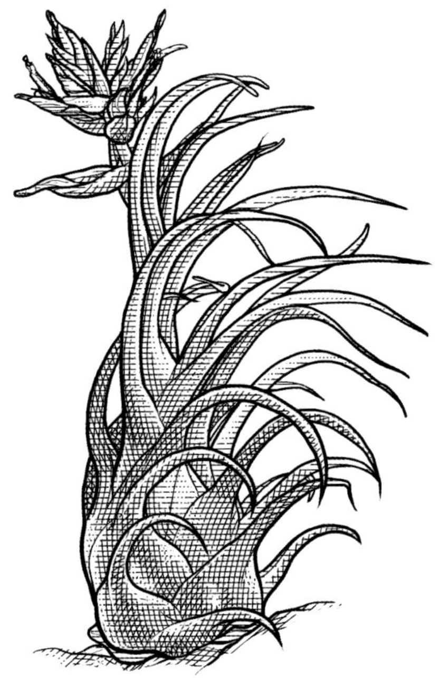

옮긴이 **이건우**

한국외국어대학교에서 일본어와 스웨덴어를 공부하고 도쿄와 스톡홀름에서 각각 1년간 생활했다. 음식과 디저트, 카페, 꽃과 식물 등을 좋아하며 이와 관련된 책들을 출간 기획 및 번역하고 있다. 옮긴 책으로는 《초크보이의 황홀한 손글씨 세계》《구두손질의 노하우》《분재 그림책》 등이 있다.

브로멜리아드 핸드북

첫판 1쇄 펴낸날 2018년 7월 6일

저자 후지카와 후미오
옮긴이 이건우

발행인 김혜경
편집인 김수진
책임편집 김교석
편집기획 이은정 조한나 최미혜 김수연
디자인 박정민 민희라
경영지원국 안정숙
마케팅 문창운 노현규
회계 임옥희 양여진 김주연

펴낸곳 (주)도서출판 푸른숲
출판등록 2002년 7월 5일 제 406-2003-032호
주소 경기도 파주시 회동길 57-9, 우편번호 10881
전화 031)955-1400(마케팅부), 031)955-1410(편집부)
팩스 031)955-1406(마케팅부), 031)955-1424(편집부)
홈페이지 www.prunsoop.co.kr
페이스북 www.facebook.com/prunsoop
인스타그램 @prunsoop

ISBN 979-11-5675-753-5 (03520)

* 잘못된 책은 구입하신 서점에서 바꾸어 드립니다.
* 본서의 반품 기한은 2022년 1월 31일까지 입니다.

이 도서의 국립중앙도서관 출판시도서목록(CIP)은 e-CIP 홈페이지(http://www.nl.go.kr/ecip)와 국가자료공동목록시스템(http://www.nl.go.kr/kolisnet)에서 이용하실 수 있습니다. (CIP2018017936)